U0943551

天津出版传媒集团
天津人民出版社

图书在版编目（CIP）数据

拿你所有的，换你想要的 / 小万工著 . -- 天津：天津人民出版社，2018.12
ISBN 978-7-201-14077-3

Ⅰ . ①拿… Ⅱ . ①小… Ⅲ . ①人生哲学 – 通俗读物
Ⅳ . ①B821-49

中国版本图书馆CIP数据核字（2018）第199891号

拿你所有的，换你想要的
NA NI SUOYOUDE, HUAN NI XIANGYAODE

出　　版　天津人民出版社
出 版 人　黄　沛
地　　址　天津市和平区西康路35号康岳大厦
邮政编码　300051
邮购电话　（022）23332469
网　　址　http://www.tjrmcbs.com
电子邮箱　tjrmcbs@126.com

责任编辑　陈　烨
策划编辑　张意妮
装帧设计　门乃婷工作室

制版印刷　天津翔远印刷有限公司
经　　销　新华书店
开　　本　880×1230毫米　1/32
印　　张　7.5
字　　数　135千字
版次印次　2018年12月第1版　2018年12月第1次印刷
定　　价　39.80元

我们这一代人的怕和爱

（代序）

斗胆写下这个题目的时候，距我在清华图书馆翻开刘小枫先生的那本《这一代人的怕和爱》，已足足过去了10年。

刘小枫生于1956年，我生于1985年。他30岁写下《这一代人的怕和爱》时，我才刚刚出生。但是20年之后，20岁的我可以和30岁的他在激昂文字中相遇，并且被激励、被鼓舞、被引领，这就是文字的奇妙。

时过境迁。如今我已三十而立。因缘际会，作为一名建筑师，要出版自己的第一本文集。

回看自己写的那些生涩文字，想起刘小枫先生的那本薄薄的浅绿色封面的书，发现自己所写的“爱才是”系列，也许一定程度上就是对我们这代人的怕和爱所做的回答。

我自然无法同大师相提并论，毕竟我的主业不是文字，而是设计房子。

但我进入这个行业以来，研究针对的主要客户其实就是我自己这一代，即生于1980～1989年的所谓“80后”。也就是说我一直在研究我们自己，我们需要什么样的住宅、什么样的社区、什么样的城市。

说到需要，现在最流行的词叫做痛点。什么是客户痛点，其实就是我们怕什么。

居“80后”痛点之首的显然是房子。

有个流传已久的笑话：要激活一个沉闷的微信群有两种方法，一是扔个红包；二是讨论哪里有便宜的房子。

“80后”的父辈大部分是“50后”“60后”，他们还处于集体分房的时代，所以普遍没有买房的意识。“80后”涉世之初还颇有骨气，并不流行啃老买房。所以买首套之时，大部分“80后”都没有钱，考虑的核心是价钱便宜。

我当初研究了非常多的小面积、低总价的商品房，费尽心思想着如何把最多的功能塞到最小的面积里。那时万科卖得最好的明星产品是被命名为“蓝田一号”的90平米小三居室，在房价高悬的北上广可以说是所向披靡。

“80后”参加工作的时间大致是2003～2013年间，恰恰是房价翻番、翻番又翻番的时候，几乎每一个人都害怕，害怕自己的工资涨幅永远跟不上房价，害怕自己从此会和同学、同事中的“有房阶层”终身拉开距离。

所以我们把买房叫做上车。车上和车下在财富增长速度上可谓天差地别，而车永远是稀缺的，似乎错过了这一趟就没有下一趟。

我还记得自己2010年首次购房的情景。我拿着摇到的一千多号，在人群中抢购一个位于北京郊区的楼盘，买了一个总价最低的小两居。这个楼盘后来连着一年开了8次，每次都是日光。

从我到北京读书，再到我买第一套房子，其间过了6年，北京的房价翻了3倍。

而从我买第一套房，再到我为了改善居住条件卖掉这套房子，其间又过了6年，房价又翻了3倍。

这不得不让我们害怕。

“80后”的另一个痛点，是子女教育。

在“80后”自身受教育的时候，教育大抵算是公平。我虽然出身农村、在小城镇里长大，但仍依稀记得那时农村和城镇的学校里都还有不错的老师。

当轮到“80后”的子女入学，即使是像北京这样的大城市，教育资源也开始变得极度不均衡。

打个比方说，如果你自家的房子不是在西城和海淀这样的教育大区，孩子考上“985”“211”重点大学的概率甚至比自己当年出生的城市还要低。

“学区房”的概念就是被“80后”这一代炒起来的。

所以，后来我们公司在做社区的时候，特别注重优质教育资源的引入，希望能够通过代建学校的方式将好的教育资源从城区引到郊区，因为对于中国的家长来说，周围如果没有好学校，在购房时的权重简直是一票否决。

但即便是住在西城、海淀这些教育大区，也不意味着父母对于教育的焦虑因此就减少半分。

我朋友的孩子就读清华附小，虽然号称是3点半放学，但事实上孩子的课余生活填满了各种各样的课外班。大家都明白小升初拼的不是课内成绩，而是课外：英语、奥数、乐器、绘画、舞蹈，形形色色的评判标准都左右着孩子的未来，而所有这些的背后却是赴美上市的学而思、红黄蓝这些教育机构和为了教育一掷千金的家长。

正如李一诺所说：“其实，所有靠着教育挣大钱的公司只有一个商业模式，就是最大程度地发现、制造、利用和变现家长的焦虑。”

因为我们害怕——害怕孩子会输在起跑线上。

3

“80后”的第三个痛点是工作。

我们这一代比以往任何时代都崇拜商业领袖，期待自己成为下一个马云、乔布斯、扎克伯格。

与此同时，我们又比以往任何时代都要焦虑。

在行业动辄被颠覆的时代，我们焦虑自己会在上有老下有小的中年失去工作，焦虑自己没有在阶层天花板关闭之前登上那辆末班车，焦虑自己不慎进入了一个增长缓慢的行业，没有站在时代的风口上。

所以，知识付费开始兴起时，我们即听罗胖给我们读书，生怕错过新时代的认知升级。

我们蜂拥而入可以提供更多更好工作机会的城市，导致一线城市房价飙升。

我们追随着商业领袖的步伐，以为自己可以复制同样的成功之道。

我们比以往任何一代人都耗费更多的时间在自己的工作上，以超乎想象的勤奋创造了中国的经济奇迹。

马克思说过：“在历史的每一个大转弯处，知识分子总是被时代的列车甩出窗外。”

而我们就处在这个历史的大转弯处，还很有可能就是那个被甩出窗外的知识分子。

是的，我们很害怕自己被甩出窗外。

房子、教育、工作，无疑已成为压在我们头上的三座大山。

我可以建造甲级的办公楼，建造优质的房屋，建造美好的学校，却无法与使用者交流——直到我拿起笔，开始讲述自己在建造过程中所遇到的真实人生。

好多读者说读我的文章是用来治愈焦虑的，每篇都要看很多很多遍。

其实我自己也是焦虑群体中的一个。

对比我们的父辈，也就是1950出生的刘小枫那一代人，我们的物质生活已经得到了极大的丰富，可是我们似乎在精神上比他们更加焦虑。

新媒体的兴起在一定程度上扩大了这种焦虑，我们不再是沉浸在阅读中的一代，而逐渐成为被手机捆绑的一代。

我们的生活被实用主义充斥，我们的人生被学历、工作、月薪、房产贴上了一个又一个价签，它们又催促着我们为了刷新这些价签而去追寻。

但是我常常会问自己：我购买房子，到底是因为我现阶段真的需要这个房子，还是为了缓解财富缩水的焦虑？

我想让孩子上好的学校，到底是为了帮助她成为她应当成为的样子，还是为了缓解阶层固化的焦虑？

我努力工作，到底是因为我热爱自己的工作，还是为了缓解害怕被时代所遗弃的焦虑？

或者这样说，我们努力奋斗，竭力生活，到底是出于怕，还是因为爱？

然后我就会想起20岁时在图书馆里遇见的那些书、那些闪光的灵魂。

刘小枫笔下的那一代人，在物质上经历过极度贫乏，在精神上经历过极度压抑，他却说："这一代人从诞生之日起，就与理想主义结下了不解之缘。"

理想主义，一个在当今时代已经让人觉得有些陌生的词汇。

我却仍然觉得自己是一个理想主义者，因为我在写下这些文章的时候，一直在不停地追问同一个问题：

我现在为之生的，值得我为之死吗？

唯愿我所做的，都不是出于惧怕，而是因为爱。

我依然有许多的困惑，但回顾走过的路，我常常能发现那些隐藏在生命中的恩典。所以，每写完一章，我都会得到一个与"怕"无关、与"爱"有关的答案。

唯愿遇见这些文字的你，也能找到自己的答案。

目　录
content

Part 1
——生活一地鸡毛，仍需欢歌高进——

Part 2
——美好，因为相信才看见——

Part 3
——活出不用修改的青春，愿你单纯也光芒万丈——

Part 4
——生活有千百种可能，总有一种是你想要的样子——

Part 5
——愿所有的美好如期而至——

Part 6
——走得再远，也别忘了出发的目的——

——后　记——

Part

01

生活一地鸡毛，仍需欢歌高进

好好努力，哪里都是我的北京

我在北京的前领导是个老北京人，清华师兄，MIT（麻省理工学院）海归。

调回武汉公司的时候，我跟他辞行。他不解："北京这么好，你为什么要回武汉？"

我列举了很多自己的权衡——丈夫、父母、孩子、事业空间，末了笑着反问："美国这么好，你当年为什么要回北京？"

当年的毕业季，清华学生最流行的出路就是出国。

对于建筑系的学生来说，出国确实有很多好处，可以开拓视野，增长见识。作为一名建筑师，能做出什么样的作品，很大程度上取决于你见过什么样的建筑。

5年过后，同学中的流行趋势却成了回国，几乎所有出国读书的同学毕业之后都纷纷选择回到中国。

美国的城市化进程基本结束，建筑业日渐式微，反观中国的建设却如火如荼，崛起中的东方大国已然是全球建筑师的梦想之地。

虽然美国大城市无论是环境、教育、医疗、还是基础设施水平都远超中国，但仍然有大批建筑师归国就业或创业。他们具备国际化的视野，有本土文化背景和语言优势，迅速成为中国城市建设中的中流砥柱。在地产业的黄金10年中，涌现出了一大批中国本土的明星建筑师和建筑实践。

回国的这个选择，既成就了中国建筑师，也成就了他们所建筑的中国。

这是我大学毕业10年亲身经历的第一波回流潮——人才由海外向中国回流。

而我看到的下一个10年回流潮，是在中国范围内人才由一线城市向二线城市的回流。

10年前我毕业的时候，大部分清华、北大的毕业生首选都是留京，但随着一线城市户口政策的收紧和房价的持续走高，毕业生留京率一路下滑。2013～2016年，北大已签约本科生的留京率分别为71.79%、58.04%、45.86%、40.98%，4年间降低30个百分点；硕士和博士的留京率也降低逾20个百分点，选择留京的毕业生变成了少数人。

令人望而生畏的房价、拥堵的公共交通，在这个购房、买车甚至是入学都要摇号的大都市，已经亮起了“不欢迎新增人口”的红灯，而刚刚确定的国家11个国家级中心城市却开始了人才争夺大战。我目前所在的城市，就迅速伸出了“以人民的名义，邀请你落户武汉”的橄榄枝。在北京，毕业生们梦寐以求的户口，在武汉已经成了伸手可摘的低垂的果实。

人口，对于北京这样的特大城市是负担，但对于武汉这样成长中的新兴城市却是其发展的原动力。

虽然选择回到武汉有很多家庭方面的考虑，但真正吸引我的还是武汉的事业空间。

取势、明道、优术——某一次公司培训中，一位年轻的集团高管用这6个字来概括自己的职业生涯，我深受其影响。

对于个人的事业发展而言，首要取势，就是将自己放在时代的大势当中。

我所在的行业，北上广在过去10年确实是黄金10年，但随着城区土地供应的渐渐收缩，可建设用地已经越来越少，而像武汉这样的新一线城市，却在蓬勃向前。

一组简单的数据就可以看出两个城市的区别——

2010～2017年间，北京的土地供应从6400公顷下降到3900公顷，其中2017年全年供应商品房用地仅为650公顷。而2017年武汉的土地供应是6997公顷，其中商品房用地为1254公顷。

土地是城市的命脉，土地越多，建筑师可以发挥的空间就越大。所以从北京回武汉，看似是从一线到二线城市，但是就我所在的行业而言，我其实是从城市化已经渐渐饱和的“老一线城市”回到了如火如荼的“新一线城市”。

对于我丈夫而言，因为他是高中物理老师，在国际物理奥林匹克竞赛这个顶尖领域，武汉的高中可以说在全国都是一骑绝尘。

所以，对于我们夫妇而言，回到武汉反而有了比在北京更大的发展平台和事业空间。

很多读者在后台留言问我，他们是该选择回老家还是留在北上广，应该如何选择？我只能说每个人的家庭情况、行业情况都不一样，不能一概而论，但是有几个老生常谈的原则，却不妨当作参考。

“祖国至上，人民为先，事业为重。”

“立大志、入主流，上大舞台、成大事业。”

“到人民最需要的地方去。”

这几句话其实是清华的就业指导原则，我刚毕业的时候觉得假大空，但工作了许多年后才明白其中的真意。它所强调的其实是将个人的命运放在时代的洪流当中，不是做一个精致的利己主义者，而是要有更大的格局和眼光，在利人的同时实现个人的最大价值。这价值虽然不一定体现在个人的薪酬和财产上，却一定可以体现在工作产生的社会价值上。

事实上我所写过的很多人——司徒雷登、梅贻琦等，他们都没有为自己或自己的家族谋求财富，甚至过世的时候身无长物，但他们所创建的大学，却改变和影响了当代中国。

而且我们所处的时代，显然胜过我们的前辈所处的时代。

“日光之下，并无新事。”无论是一个人还是一个家族的兴衰，无不是与当时当世的国家命运相联系的。

历史中不乏追逐名利者落得“眼看他起高楼，眼看他宴宾客，眼看他楼塌了”的结局，却也有英雄豪杰留下“人生自古谁无死，留取丹青照汗青”的名句。

而我翻看历史，常常庆幸自己生在了当代中国。

在城市化进程中，我有足够的机会参与这个伟大国家的建设。

在互联网时代，无论身处哪个城市，只要能接入网络，这个国家就有足够多的人民能倾听来自全世界的不同思潮和声音。

人的一生短暂而有限。如果能在短暂有限的一生中服务和影响到更多的人，才算不负此生。

虽然武汉建筑行业的成熟度和时尚度还远远比不上北京，但这正是建筑师的价值所在。

虽然武汉教育的整体理念和设施与北京相差甚远，但这正是教师的价值所在。

所以城市的痛点，其实正是我们的机会。

写下这篇文章的时候，我回到武汉其实已经超过了半年时间，自己当时的很多纠结和最后做出决定时的决绝，仍然历历在目。

我自诩是一个很理性的人，但在人生的重大抉择当中，我也明白即便知道很多的道理，也未必能做出正确的选择。

哪怕我知道回武汉是一个明智的选择，我仍然会惧怕，毕竟我要面对的是陌生的城市、陌生的人，以及陌生的环境。

这些都是我在北京已经熟悉并了解、足以游刃有余应付的。

事实是由于公司工作的安排，从决定回武汉到真正调回来足足过了6个月的时间。

在这6个月当中，我曾经无数次地犹豫和后悔，权衡各种利弊。

但神奇的是，我丈夫却始终毫不犹豫，他安慰我说，得失利弊永远计算不清，但我很清楚地知道回武汉是对的。如果这时候不回去，我们将来一定会后悔。你就跟我走，没错的。

我因此渐渐下定了决心，因为知道我不是独自一人。

然后才有了后面那些出人意料的故事。

改变，才是别无选择的姿态

我出生在这里，这个最热的城市
800 多万人民生活在这里
武昌起义打响第一枪在这里
孙中山的名字永远记在我心里

我带着梦想生活在这里
带着希望走在每一条街上
我想改变这个城市
因为她永远属于我和你

她会得到自由
她会变得美丽
这里不会永远像一个监狱
打破黑暗就不会再有哭泣

一颗种子已经埋在心里

这是一个朋克城市——武汉！

唱这首歌为你——武汉！

我们就在这里开始反抗！

武汉！我们一起干杯为你！

——《大武汉》SMZB

尽管我是湖北人，却从来没有在武汉生活过，所以回来之前心里一直有些忐忑。

毕竟武汉的名声在中国各大城市当中并不算好——随时准备起飞的公交师傅，听起来像吵架的武汉话，永远在修的到处是坑的路，火炉一般的夏天，遍地荷尔蒙爆棚的大学生……看起来就不太像一个适合我这种性格温吞的姑娘生活的城市。

直到我举家搬迁来到武汉。

在武汉的4个月是迄今为止我在江城居住过的最长时间，4个月里我吃遍了各种花式早餐，和不同的人吃了几千只小龙虾；分别和出租车司机、传道人、路人甲等各种人吵过各种架；绕过三环好多圈，被罚了12分；通勤路上听了人生中最多的摇滚……然后就彻底颠覆了我对这座城市的印象。

在给这座魔性的城市下一个属于自己的粗暴定义之前，我想说一个最近在北京很火的武汉小伙儿的故事。

他叫葛宇路，脑洞特别大，喜欢用自己的名字在城市道路上做涂鸦。据传，他在湖北美院念书时就把“葛宇路”三个字喷到了学校南边的无名小路上，到了北京后依然如故，把印有自己名字的蓝底白字的A4纸四处张贴。

这回他运气很好，北京城中心有一条小路欣然接受了这个名字，“葛宇路”这个路名先后被高德地图和百度地图收录，成为一个快递真的能送到的地址。

小伙子很高兴，去淘宝上“山寨”了一个路牌立在这条道路上。

他在北京读研的几年间还经常去这条路上晃悠，比如搭个架子坐到摄像头前面，美其名曰“对视”。

这个奇葩小伙儿在这条路上混迹数年，快要毕业了终于没忍住，在知乎上写了一篇文章，标题霸气侧漏：《如何在北京拥有一条以自己名字命名的道路》。

接下来发生的事大家应该都知道了：政府终于开始作为，把这个公民自费树立的路牌依法拆除，翻出来自己早就取好但一直没有颁布的正经名字——百子湾南一路。

听到这个小伙儿的故事时我就觉得有趣，因为他的行为颇为接近我初见的武汉印象。

什么是武汉？有人说是热，有人说是朋克，有人说是反抗，但我所看见的就是——我是城市的主人那种范儿。

你看这个武汉小伙儿，不过就是去北京念了几年书，就把自己当成主人了。

不是主人怎么会想到给道路命名呢？不是主人怎么会关心一个路边摄像头呢？

当然，葛宇路也有做得不“武汉”的地方，比如他在事情暴露、路牌被拆除的时候太过温和，没有反抗。按照武汉人的做法，至少能和城管大吵一架，还能再红一把。

当然，我比葛宇路差远了，我觉得北京高贵又森严，所以我在北京生活了很多年，一直很识趣，从来没有体会过这种自己是北京这座城市的主人的感觉。

直到我来到武汉。

这个有着全球最多高校和100多万大学生的城市，却一点都不阳春白雪，没有任何知识分子的架子，人人都能迅速融入。

快速变化的城市面貌、物美价廉的饮食，还有宽松的落户政策，完全是一副“我家大门常打开，欢迎你来做主”的姿态。

所以，在这座大江大湖的城市中我看到最美妙的一件事，就是它的所有的居民，不管有房的没房的、来读书的或来工作的都特把自己当主人，特把自己当回事。

为什么武汉能形成如此强烈鲜明的市民文化呢？

一方面是因为历史。武汉历来是九省通衢、兵家必争之地，辛亥革命的第一枪就在这里打响，所以民众普遍都有很强的维权意识和斗争精神。兵家必争嘛，政府总在更迭，如果自己都不把自己当回事，谁还把老百姓当回事呢？

然后是地理。武汉从来没有形成一个地理上的权力中心。虽然是一个大都市，但由于三镇被长江和汉江割裂，天然就是一个多中心的城市；市内湖泊多到不可胜数，又将城市切成了若干个小区块；三镇分立而没有城市核心，又时伴随河运兴起的占山为王的码头文化，可以说让住在每一个区块的人都有强烈的自我认同感。

还有饮食。武汉的吃食丰富却完全没有等级和仪式感，所有的早点都可以端在手里边走边吃。更典型的是武汉人对小龙虾的热爱，朋友聚会，吃虾子；商务宴请，吃虾了；家人夜宵，吃虾子。哪怕前一秒大家还在西装革履正襟危坐，遇到虾子就立刻卸下武装，白手套一戴就掰开大钳子，开始和红彤彤、硬邦邦的虾壳做斗争。上手、蘸料、剥壳，这一连串的动作是绝对没有办法优雅完成的，所以咱干脆就不要礼仪了吧。

还有气候。作为中国最热的火炉城市，没有空调之前，武汉人的夏天都是在大马路上一字排开的竹床上度过的。在凉快面前，没有啥阶层，脱了衣服，大家都是肉身的人。

所以，武汉人骨子里就不迷信什么权威。路见不平，绝对不会隐忍，随时都是愤怒的姿态。

而武汉这种主人式愤怒的最高表现，是音乐。

中国最美的关于音乐的传说，就从汉水开始。

传说先秦的琴师俞伯牙有一次在汉水边弹琴，居住在汉阳的樵夫钟子期竟然停下手中的斧头，唱和“峨峨兮若泰山”和“洋洋兮若江河”。伯牙喜不自胜：“善哉，子之心而与吾心同。”

子期死后，伯牙痛失知音，摔琴绝弦，终身不弹，是为高山流水。

这个故事我之前听过好多次，但是到了故事的发生地才真正读懂这个故事。想象一下这个画面：中央音乐学院教授在荒野遭遇抡着斧头的樵夫，二人用弦乐—古琴，鼓乐—斧头和了一首说唱。学院派不能理解的音乐却在市井遭遇知音。这故事其实一点都不阳春白雪，充满了现代的朋克气息。

什么是朋克？出生在武汉的中国朋克教父级人物吴维说：

“朋克给我的意义，就是去做一个真正的人。”

不管是音乐大学的教授伯牙，还是砍柴的樵夫子期，都可以去追求做一个真正的人，以砍柴或是摔琴的方式表达对现实的哀叹和愤怒。

虽然我大学时代也曾经附庸风雅去过北京的迷笛音乐节，见识过牵着白菜当狗遛的各类观众和歇斯底里、满嘴咒骂的摇滚，但以我温和的性格实在欣赏不来。

直到我来到武汉，听到真正的朋克。

朋友给我推荐武汉的朋克乐队时说，就是他们让东湖周边的混混儿们都不再打架，而是拿起了吉他。典型的例子就是有一位他以为长大了一定会变成杀人犯的哥们，现在英国学音乐哲学和艺术。

哈，这画面多美好——因为一支乐队，这城市反抗的方式由暴力变为音乐。

我听着他们的歌开过长江大桥、长江二桥、知音桥、鹦鹉洲大桥、东湖隧道、琴台大道等，然后就爱上了属于这个城市的歌。我发现那些我所爱的人和事，他们早就歌唱过。

他们用《中国来信》歌唱陈怀民：“看看现在的社会，你一定会更加愤怒。我们拿着吉他，想象你驾着战机。我们会永远战斗，永远不言放弃。”

他们用《海鸥之歌》歌唱：“一只雪白的海鸥飞出了波浪，展开宽阔的翅膀冲风翱翔。就是他，我们不屈的斗士！他冲进死亡去战胜了死亡。残留的锁链已经沉埋在海底，如今啊，他自由得像风一样。”

他们用《十年反抗》歌唱：“当你开始呐喊就不要停止，因为这生活还在继续；当你开始呐喊就不要停止，为了那沉默的大多数。”

“宁鸣而生，不默而死。”这支乐队，在武汉歌唱了20年，自由得像风一样。

6

我带着梦想生活在这里

带着希望走在每一条街上

我想改变这个城市

因为她永远属于我和你

这支中国最好的朋克乐队诞生和成长于江城，他们的名字叫SMZB，意思是“生命之饼”。我很喜欢这个名字，因为当我带着梦想投奔这座城市，带着希望走遍每一条街道，带着我们的孩子在这里安家的时候，我就知道我与他们，与陈怀民一样。我们在这里所领受的，不是奴仆的心，而是儿女的心，我们对这片土地负有责任。

所以我想我一定会爱上武汉，爱上这绝不温和的气候——寒冷的时候，冷到骨子里；热烈的时候，热成火炉一般。爱上这里绝不讲究又绝不将就的饮食——小龙虾、热干面、蛋酒、苕面窝。爱上这里遍地的钢板和竖起的围挡——不断在拆毁并在建造中的城市。爱上这里的方言和音乐——出自那些因为热爱而永不妥协的儿女。

她会得到自由
她会变得美丽
这里不会永远像一个监狱
打破黑暗就不会再有哭泣
一颗种子已经埋在心里
这是一个朋克城市——武汉！
唱这首歌为你——武汉！
我们就在这里开始反抗！
武汉！我们一起干杯为你！

向前坐，不要提前退场

有不明真相的读者说小万工名校毕业、两娃齐备、事业成功，是人生赢家。

还有人问我："作为职业女性，该怎样平衡事业和家庭？"

我一边敷衍说"哪有哪有"，一边苦笑："别闹，哪里有能平衡事业和家庭的女人？"

我的切身体会是：作为女性，家庭那头压上了生子这个沉重的砝码，生来就是个失衡的天平。

我们24岁，结婚一年，意外怀孕。

当时丈夫尚未硕士毕业，我正负责公司的第一个大型商业综合体项目。这项目我从毕业起跟了两年，刚步入正轨；新领导正是商业经验丰富的业内专家，我正摩拳擦掌，准备跟她大干一番。

所以，当医生拿着化验单一脸严肃地跟我说："你怀孕了，要还是不要？”我愕然，却很快应声道：“要！”

给丈夫看化验单，他也惊住了。毕竟当时我们有太多的现实困难：家庭收入勉强够生活开支，没买房不知道孩子能否落户，双方父母都没退休，估计没人能帮忙。但他更坚定，安慰我：“儿女是祝福，我们肯定要。”

周六在公司加班，趁着只有我和领导，我小心翼翼地坦白：“我怀孕了。”

领导的表情和我丈夫一样，像遭了晴天霹雳。但她很体恤我，马上说：“其他几个项目我尽快找人接，但是商业项目盘根错节太重要，你还是得继续跟。”

继续跟就跟到了预产期的前一天。发完最后一个会议纪要，整理好所有待移交的资料事项清单，还没有移交人可接，就直接移交给了领导。当晚我就去了医院，各种折腾。第二天清晨，大女儿顺利出生。

幸而年轻、身体不错，努力在各样工作上尽本分，所以那年虽怀孕，业绩仍是优秀，奖金超乎想象的丰厚。

大女儿出生的时候，为了给她落户，我们买了个小房子。丈夫毕业工作，经济危机基本解除。那些怀孕的时候看起来难以逾越的艰难，随着女儿的降生都变成了祝福。

产假即将结束，我却在“到底要不要回去上班”中纠结不休。

双方父母都有自己的工作，不能来帮忙带孩子。休假期间一直是我自己带女儿、全母乳，结果临上班前发现孩子根本就不吃奶瓶。丈夫说如果我愿意，也支持我在家全职一段时间。

可我真想去上班！

我产后抑郁。大女儿是个高需求宝宝，吃奶没点，白天抱睡，夜醒多次。我自小就是十指不沾阳春水的独生女，并不太会张罗家事，当妈妈后便每天蓬头垢面地泡在柴米油盐、奶瓶尿布的琐碎之间，人生顿觉灰暗。

幸运的是，后来找到一位值得托付的阿姨，于是和丈夫商量，能不能白天由阿姨带，我每天中午利用哺乳假回家喂她？

上班前夜，我抱着女儿为她祝福，看到她吃奶时的满足眼神就觉得亏欠，眼泪止不住地流。

只是我真的无比怀念自己的工作，虽辛苦但很热爱的工作。

重返工作后就没有后悔自己的决定：从24小时待命的奶瓶变成了有自己空间和事业的在职妈妈，抑郁不药而愈。

所以，尽管每天中午要骑半个多小时的车回家喂奶，2岁断奶前推掉了所有出差和出国考察，晚上伺候孩子睡着后，还得经常回公司加班，周末甚至会抱着她去开会，我心里却愈加肯定自己的选择：对孩子来说，她更需要的是一个每天都开开心心、积极做事的母亲，而非那个虽在身边却忧忧愁愁的母亲。全职妈妈与否，并不影响我给她全部的爱。

由于生育错过了晋升的机会，直到哺乳期结束，工作的第五年我才升了一级，是同年入司毕业生中最慢的一个。

不免遗憾，但并不后悔：事业发展和孩子，肯定选孩子。因为孩子是生命啊。

好景不长，女儿快1岁时，阿姨因种种原因要回家乡，与我辞行。

职场女性最绝望的事情，就是突然发现没人能给你看孩子。父母和公婆都劝我把孩子送回老家，说这样我们能全力打拼工作。并不是担心父母看不好，是真舍不得。看着每当我下班时都笑着扑过来叫妈妈、牙牙学语的女儿，想到如果送到千里之外几个月才能见到一次，我宁肯放弃工作。

父母拗不过我，便央求了我大姨来帮忙带孩子。大姨来的那天，我才默默收起了写好的辞职信。

将老大拉扯到3岁、送到幼儿园之后，大姨才离开。其间她家中也常有变故，但幸而丈夫有寒暑假，我才勉强支撑。回想起来，孩子3岁之前，每逢遇到没人带孩儿的时候，我或是丈夫都做好了辞职的准备。

接近30岁，我们又开始期待老二。实在是喜欢孩子，所以，尽管有很多麻烦，却也欣喜地盼望着宝宝的到来。

那年，我因为工作出色得了企业典范奖。公司拓展了多个事业部，领导想让我负责其中一个事业部的设计。我如实说："今年计划怀孕，是不是不太合适？"领导也刚生过娃，说："没事，怀孕也是健康人，二胎产假只有3个月。况且，还没有怀孕就不用给自己设限。"

特别感谢她的激励，让我能在职场上勇敢地向前一步。大半年后如愿怀孕，仍是直到生产的前一天，我都在设计院讨论方案，在示范区工地确认材料样板。开车载着来实习的师妹奔走在六环，她问我预产期什么时候，我说："明天。"后来小姑娘玩笑说，当时惊得她险些不敢入职。

只是那年休了产假，年度考评勉强合格。

但二宝的到来让全家都觉得特别幸福，完全没有了带大宝时的那种焦虑，满满都是迎接新生命的喜悦。二宝两个半月时，产假尚未休完，由于部门缺人，我需要提前回去上班。这次完全没纠结，很放心就回去了。回去前我存了满满一冰箱的冻奶，二宝也顺利地开始吃奶瓶。

每天傍晚，爸爸下班回来后都特别开心地抢着喂二宝，看着她在怀里甜甜睡去，他笑着对我说：“男人要是也有奶，妈妈就失去利用价值啦！”真是好气又好笑。

二宝哺乳10个月，断奶后我就四处出差，完全没有喂大宝时那么多的纠结。作为一个有“工作经验”的母亲，我知道奶粉永远比不上母乳，只是，除了孩子的需要，我开始明白母亲也有自己的需要。

公司4个事业部的设计负责人中，我是唯一的女性，确实也是发展最慢的一个。可看着大女儿那么喜欢她的小妹妹，就觉得慢也值得。

去年到日本考察幼儿园，看到日本政府为了鼓励女性出来工作，设立了完备的幼儿保育制度，可以让妈妈放心地将3岁以下的幼儿送到保育园托管，不仅收费低廉，环境也很好。

查了一下中国女性的就业率，全球最高，达到70%，但政府对于3岁以下幼儿保育方面的支持几乎为0。我问了同行的园长，她说现在入园入托这么紧张，3岁以上的孩子都管不过来，哪里顾得上3岁以下的孩子。

现实令人颇为无奈。我想要是中国也能有类似的制度，女性的就业率肯定远胜今天。在中国“一地鸡毛”的育儿环境下能将家庭照顾得井井有条的全职妈妈，出来工作也不会逊色。

国情所限，职场女性也难免如我一样，始终在家庭和事业之间如履薄冰，在有生育计划时大都会以家庭为先。

但是这就意味我们女性应该放弃自己的事业追求吗?

当然不是！我原来在北京公司的领导某雪，她也有孩子，却永远都是我们部门最早来，也是最努力的一个。我调到武汉时，她鼓励我：“不要因为任何原因为自己设限，完全可以努力去争取匹配自己能力的职位。既然选择职场，就当全力以赴！”

读过同样有两个孩子的Facebook首席运营官桑德伯格的《向前一步》，印象最深的是，她鼓励女性在得到自己的梦想职位前，“要向前坐，不要提前退场”。

受这些前辈们的激励，虽然生育难免会给工作按下暂停键，但如果短暂休整后能更努力地攀登，总有一天可以到达自己期待的高度，无非就是晚几年而已。

而这看似失落的几年，恰恰是孕育孩子的最好时机。

事业总有高峰低谷，但孩子只要落地，就会不停地成长。

最近晚上常常加班，就更加珍惜每天清晨推着小宝送大女儿上学的散步时光。

她刚从北京转到武汉，不太适应，就问我："小孩子为什么一定要上学？"

我答："上学可以让你长大了像妈妈一样有更多的选择。可以选择自己喜欢的工作，可以选择在家教养自己的孩子，还能自由地去你想去的地方，追求你所爱的人。你可真幸运，妈妈小时候，好多女孩子都上不了学。"

她又问："那妈妈为什么不选择在家教我，要去工作呢？"

我笑着答："因为我喜欢自己的工作啊。通过我的工作，能给你们姐妹一个更美好的未来世界。你看，这个世界中有妈妈建设的美好城市，在城市中生活的妈妈们也会更自由、更多元地选择自己的工作和生活。"

上班路上，回想起女儿当时似懂非懂的如花笑靥，觉得非常幸福。

愿她的世界远胜过我们的世界。

Part

美好，因为相信才看见

即使日子低到尘埃里，梦想也要举得高高的

我不是土生土长的北京人，但是在我已走过的32年里，在乡村里长到1岁，然后在家乡小县城里度过了13年，在高中所在的地级市里度过了3年，在北京度过了14年——从18岁到32岁，可以说是我已有人生中最长的时间。我最美的年华都是在北京度过的，所以，好多人看到我回武汉之后，会在后台留言问我：“离开北京回武汉，会有落差吗？”

我想说：“其实下定决心离开北京的那一刻，我就知道自己一定会想念北京的。”

我人生最早关于北京的记忆是6岁上小学的时候，父亲去北京开会，母亲跟着去玩，并没有带我。

他们那时住在通县（后改名通州），旅游方式是拎着一袋苹果当干粮，坐着公交车转遍了天安门、故宫、长城、动物园、

颐和园和香山等著名景点。回来后跟我说，他们在对外经贸大学门口拍了张合影，觉得这个学校不错，让我好好学习，争取长大了能去北京念书。

我翻看他们带回来的照片，模糊中对这个城市有了一种别样的印象。这个印象停留在长城、故宫、天安门、颐和园这些人们耳熟能详的地标性建筑上面，好像北京就是这些电视里经常见到的房子，以及清华、北大这些小孩子应该努力读书去读大学的地方。

我想对于中国的很多普通家庭的孩子而言，北京就像是一个梦想。

18岁，我拎着大箱子和一同考入北京的大学的高中同学一起报到，在著名的二校门前拍下合影的时候，距离我的父母在对外经贸大学门口拍下那张合影已经过去了12年。

没有让父母陪同，因为我们提前就看到了各大学附近的宾馆爆满，操场上睡满各地陪同孩子一起来报到的父母的场景。

青春真是恣意而疯狂。来到北京的第一次国庆节，我们这些来自小县城没有怎么见过世面的同学，竟然相约去天安门广场看升旗。计算了一下升旗的时间，发现即使能坐上最早的一班公交，到达广场时升旗仪式也完毕了，于是我们决定头天晚上就去广场过夜。

到达了才发现国庆节前夜的天安门广场会清场。于是我们这帮疯狂的穷学生溜达到王府井，过了一晚露宿街头的流浪汉生活。

10月的北京，晚上已相当寒冷，那时王府井的夜生活远没有如今繁华，整条街除了路灯就是没有开门的店铺。我们在传说中北京最热闹的街头冻得瑟瑟发抖，心里却仍然莫名激动。

第二天早上5点，一夜无眠的我们到达天安门广场，在汹涌的人潮中听到国歌奏响、看到国旗飘扬的时候，我很难描述自己当时的复杂心情，就是那种："这就是北京，这就是我们的国家"那种感觉。

如果我没记错，我第二次看天安门前升旗的时候，距离18岁那年的10月1日过去了7年。

那年我25岁，大学毕业两年，在地产公司做设计师。2010年，北京大部分的土地已经可以通过公开市场招拍获取，我负责两块地的投标方案，第二天要交文本。两个设计院，两块地，还需要互相呼应。所以临近交图了，我整天都开着小车在两家设计院之间飞奔，把控进度，沟通成果。

凌晨4点多，从东二环的设计院拷贝了最后的完成文本，在长安街上开着车，去西二环另一家设计院的路上，我看到了自己人生中第二次天安门升旗。

那时的长安街上只有我一辆车，由于不是节假日，广场上看升旗的人并不多。晨光熹微，红色的旗帜缓缓升起，我降低车速，缓缓通过。想起6年前那个穿着大红棉袄在人群中看升旗的花季少女，真有一种恍如隔世的感觉。

到达北京的第7年，北京于我已经不再是一个高中生对于高等教育的追求地，不再是一个国家的符号，而是一个无比真实的，我所居住、奋斗、建造的城市。

虽然从客观上来说，这个城市对待我们这些新移民确实算不上友好。

由于那次投标方案做得不错，我们公司以第二名的报价拿到了那块地，据说省了几个亿。而我在那段熬夜加班之后以为自己是月事紊乱，去到医院才查出是怀孕。

我和丈夫当时都是北京的集体户口，他的户口在学校，我的在人才中心。为了给孩子办准生证，我们跑了很多个部门，盖了数十个章，最后却被告知集体户口是没有办法给小孩落户口的。于是我写了个“小孩不随母亲落户朝阳人才中心”的承诺，他写了个“小孩不随父亲落户学校”的承诺，才拿到了准生证的小红本。

本来是合理合法的出生，已经怀孕7个月的我拿到这个小红本的时候却莫名激动，好像肚子里的这个孩子终于得到了官方认可，同意她来到世界，尽管户口既不能随父也不能随母。

后来才知道北京市政府这也是爱我们，逼着我们给孩子落户、“啃老”买一处郊区期房。交房的时候，孩子已经2岁，我们终于拿着那个不能随父也不能随母的准生证，把一家人的户口落到了自己的房子上。

经历过这一系列的麻烦事，拿到属于自己的户口本时，我一度以为我们应该会一直留在北京，毕竟对于北京出生、北京长大的女儿来说，北京就是她的家。

在北京待了14年，我们在这个城市经历了上学、就业、结婚、生子、买房、生二胎……然后是准备离开。

离开这个决定真的很难做出，毕竟我所有成人之后的记忆都在这里——海淀区念了5年书，海淀民政局办的结婚证；国贸附近工作了8年，身份证地址是“朝阳人才”；分别在海淀妇幼和房山妇幼生了我的两个孩子；住过朝阳、海淀、昌平、顺义、房山，做过的地产项目遍布丰台、顺义、昌平、大兴、房山、密云；家里的小车迁到武汉的时候，显示已经跑了14万公里，每1公里都是在北京。

拥挤的地铁，高德地图里绛红色的东四环，永远排队的医院，需要摇号的车子和房子，疯狂的教育，深重的雾霾……生活在街道尺度并不宜人的北京，肉体真的算不上舒适。

爬遍了慕田峪、金山岭、八达岭、司马台等各种长城，带不同的朋友去过无数次都去不够的故宫，在颐和园、植物园、圆明园谈恋爱，带孩子逛大剧院、美术馆、科技馆、国家博物馆……生活在都城北京，精神永远不缺可以前往的地方。

大学里聚集了全中国最杰出的学者，公司里聚集了最优秀的同事，地下通道里的今日歌者也许就是春晚的明日之星，城中村里的育儿嫂也在写着关于人生的小说，大学里的保安下一刻成了大学生……生活在光怪陆离的北京，人生的各种可能性都在向你展开。

是的，最好的大学，最好的医疗资源，最昂贵的房价，最密集的风景名胜，让无数的追随者愿意忍受这个城市物质生活的种种恶劣，仅仅为了追求生命的无限可能。

如果说离开北京最舍不得的是什么，我一直觉得就是这些让我发现人生有无限可能的人们。

但是这些可能性里面，有一种恰恰就是离开。

离开北京之前，我和师兄一起去了一趟白洋淀，彼时所有的楼盘都贴上了禁止交易的封条，第二天这块区域就会被命名为千年大计的雄安新区。不只是我们，连北京也正在离开北京，为了给这座古都寻找新的可能性。

是的，不只是我们，我身边很多土生土长的北京人也正在离开北京。他们去深圳，去上海，去美国，去加拿大，去非洲，去新一线城市……去追寻更好的生活方式、更广阔的职业空间，去探索自己人生中新的可能性。

房子在哪里，户口在哪里，很大程度上成为现代人安全感的依托。我年少时也曾经将北京作为自己人生的目标，但恰恰是在北京，让我看到了更广阔的天地，从而觉得自己不应该停留，而应该一直在追寻理想的路上。

毕竟北京再好也仅仅是一座地上的城市，它不能困住我。

你们是寄居的客旅。每次搬家的时候，我就想起这句话。

搬家并不让人愉快，甚至这次搬回武汉时，工人不小心弄断了钢琴的脚踏板，我为此伤心了很久。但是每当看到我的生活所需被打包装进一个厢式货车，一骑绝尘离我远去的时候，我就意识到那些身外之物并不是我生命中最重要的东西——我的灵魂是自由的，不属于北京，不属于武汉，不属于任何一个地上的城市。

条条大路通罗马，当你到达罗马的时候，你就会发现自己的目的地不再是罗马，而是以罗马为起点的整个世界。

我在清华当“学渣”的日子

4月最后一周的周日，是母校校庆日。

前日出差，飞机晚点，凌晨1点降落在天河机场，看到母校清华研究生院拍的校庆MV《未来归来》，就莫名奇妙地想哭。

第二天一早，大女儿可怜巴巴地望着我，我不免心怀歉疚，本来是答应陪她参加学校运动会的，因为出差没去成；爸爸要监考，害得小姑娘只好一个人参加了亲子运动会。同学的妈妈发短信说看我女儿挺失落，让我们多关心她。

我心里一酸，问女儿：“昨天运动会玩的开心吗？”她委屈地噘起小嘴，我又想哭。

一整天工作上各种忙碌的烦心事，设计被政府相关部门提了好多意见要改、人员没有沟通好、新出的地要投标、感觉自己满头包。

晚上这集的策划编辑联系我，让我提供一些朋友的评论要用在封底，我就想到了大学教我美术的程远老师。自从我开始写文，就一直用他的画做题图。

跟程老师在微信里简单聊了两句，他给我打了个电话，问我："书什么时候能出？"我沮丧地说："从去年拖到今年，出版不容易，估计还得等。"

老师给了各种鼓励，末了再三叮嘱我："好好生活，好好写文，远离政治。"

尤其是最后一句，他重复了好多遍，甚是恳切。

不知道为什么，听到老师熟悉的声音，我一下子就有了昨天看ＭＶ时那种归家的感觉，就仿佛回到刚进园子里随他学画的时光，耳边又想起他常说的那句："班就是家。"转眼竟15年了。

还记得那年我18岁，高考超常发挥考进了全省前50名，被自己高中3年一直心心念念的清华录取，进了建筑系。

听起来是不是很拉风？但一入清华深似海，从此开启自己的"学渣"人生。

那年建筑学院风头正盛，收了许多省市状元。全国招90人，我排名82；湖北一共招3名，我是第3名，分到了3班。

3班的美术老师就是程远，他从1984年开始在清华任教，说他是建筑系3班的精神领袖并不为过。

那时建筑入学并不需要美术基础，当然同学中不乏从小学画、师从名家的佼佼者，但更多的却是像我这种连简笔画都没怎么画过的“小菜鸟”。

大画家教小菜鸟，想想这画面就很清奇。

我第一次看到程老师，就不觉得他像画家。

1.8米的个头，浓眉毛、厚嘴唇，嗓门大、爱张罗，完全不是想象中的艺术家气质，画却很有力度，大白大黑；后来知道他比画更有力的，是人。

程老师的素描课，我觉得说是人生课更恰当些。

我们画静物的时候，他总是用他的大嗓门一边讲画，一边跟我们聊人生。

印象最深的是他老说：“眯起眼睛看，忽略局部，关照整体。人生也要这样，不要太在意。”

那时我正是刚入学最迷茫的时候，从高中的刷题模式到大学的放养模式，一点都不适应，天天挣扎在阴影透视和微积分挂与不挂之间；对于大设计也不得其门而入，在一众大神同学之间，看自己一无是处，不知道人生为何，平庸又自卑。

那时我凡事都缩在后面，心里常常乱得很，笔下就不清爽，每每评画总在班里排末流。

在这样的自卑间，与程老师的第一次单独说话都是在一学

期之后。

那天我到画室最早，看到老师在，不知哪儿来的勇气，把自己的钢笔线描作业交给他。

他竟然仔细看了看，然后盛赞我努力，声音特别大，回荡在三间画室。

“小姑娘很有才华啊！你要更自信，不要犹豫。画线描，错的也是对的。”

我被他夸得莫名有些感动，毕竟学渣好久都没有被肯定了。

错的也是对的。反正不能改了，不如努力面前吧。

那次之后，程老师仿佛注意到了总是藏在画室角落里的我。

大二我们开始学色彩。一次课上，我误打误撞调出了一个灰青色画花瓶，他凑过来，举起大拇指，仰头大笑着说：“小姑娘颜色感觉很好啊，这色彩调得高级。”

他的夸奖让我真的以为自己色彩感觉很好，由此渐渐地体会到绘画的乐趣。

另外印象深的一次是暑假的色彩小学期，在青岛写生。

有个水塔很入画，我起床晚，侧面的位置都被早到的同学们先占了，不得以坐到了水塔正面的太阳底下，画了一个正立面。

结果晚上聚在一起评画的时候，程老师看到我的画就两眼放光，说：“小姑娘有个性，这么多年没有人画过这个角度，很漂亮！这是今天最好的画，艺术就是要推陈出新，不用跟别人一样。”

经过了大一大二的忙忙乱乱，我渐渐找寻到人生的方向，开始接受自己在人群中的平庸，不再执着于和他人比较，更明白自己存在的独特价值。

后来的大学生涯就顺利很多，选自己喜欢的课，读自己喜欢的书，仍努力但不强求——第一次拿了奖学金；第一次大设计被优留；第一次论文被评了优秀。

远远算不上逆袭，因为我始终是清华园子里平凡无奇的那一个，学业勉强混个中游，没有挤进前三分之一的推研名额，无心考研或出国，顺理成章地毕业、结婚、生子，成为大公司里小小的螺丝钉。

每年校庆都张罗得轰轰烈烈，我虽在北京却也从来没有回去过。

毕业多年后再次联系上程老师得益于微信，某同学建了一个“和程远胡侃群“，当年的三班一拥而上加了三百多号人，热热闹闹地开始回忆当年趣事，也分享自己的绘画或文字习作。

我这才得知程老师退休了，在京郊的画室开始创作他的巨幅油画，并不画时兴的当代艺术，净画些老玉米，农村人、乡野老宅等“土味”十足的题材，还独创了水彩风格的油画，每有新作就发在群里，邀请学生品评，特别自得其乐。

很好，不用跟别人一样。

我也捡起自己写作的业余爱好，开了个公号，连载小说、写散文，忙得不亦乐乎。

好久没画画疏于动手，就找老师讨画来做题图，他竟然爽快答应，说：“我还记得你呢，小姑娘很有才华。”

那时我刚开写，劲头足，一周一更，他也几乎是一周一幅，我们师生间又达成了某种合作的默契。

离开园子10年了，我三十而立，程老师六十而从心所欲不逾矩，没想到，师生有幸一起做自己喜欢的事情。

中国古语说：“一日为师，终身为父。”意思是一日做你的老师，你就要终身如尊敬父亲一般尊敬他。

西方俗谚说：“你们做师傅的很多，为父的却是不多。”意思是许多人好为人师，却并不像父亲爱孩子那样爱学生。

30岁有了两个孩子的我，后来每每看着程老师精彩的画，想到他那时逮着18岁的初学者那些生涩的画，不遗余力地真诚夸奖的情形，就觉得满心感动。

这也许就是为父的心肠吧，看着自己有些自卑的女儿，尽管不好，也都看成是好的。

幸运的是，这样的老师，在清华我遇到过许多许多。

今年是我们毕业10周年，我看一个同学在朋友圈里感慨：

“清华不能保证给你学区房，不能保证让你的公司成为独角兽，更不能保证你的人生会精彩，甚至毕业几年后清华本身都成为不适合拿出来说的学生时代，但清华就是那个你所经历过的、和老师和这个园子以及园子里每一个人所经过的点点滴滴，没什么现实的用处，却历久弥新。”

所以，写下这些和程老师的点滴片段之时，我不禁想：在毕业10年平凡又琐碎的生活中，清华于我到底意味着什么？

见过隔壁北大流传甚广的一个段子：北大的同学比喻自己之于北大的感觉，就像一个纯屌丝以前不小心傍上一个白富美，成为她千万朋友中的一个。后来被白富美扫地出门，等到再见的时候仍然心惊肉跳，觉得自己和白富美有过的那段感情，纯粹给白富美靓丽美好的人生涂上了一个小黑点。

我毕业的时候觉得这个段子颇为形象，后来年纪渐长又发现不是这样的。

清华于我，其实更像一位出身名门望族、家世显赫的美丽母亲，养了一个资质、相貌平平的女儿。女儿每次看到雍容华贵的母亲，都忍不住会怀疑自己的身世。及至女儿长成，嫁了个平凡人家，每次回娘家仍然免不了情怯，害怕自己是不是辱没了母亲的门庭。

但母亲却并不这么想，她认得每一个她所生的孩子。无论杰出或是平庸，她都期待着她们拨开生活的一地鸡毛，带着梦想归来的那一天。

生日快乐，母校！

我想当个小说家

昨夜在昆明机场，手机发来新闻推送，显示明天是北京国际马拉松开跑的日子。

我下意识地想："明天该堵车了，还是坐地铁比较好。"片刻之后才反应过来自己飞机飞往的目的地并不是北京，而是江城。于是感慨举家迁往江城快5个月了，还是忘不了北京。

前天有个朋友推送给我一则《知乎问答》，说：

"北京雾霾重、房价贵、地铁挤、道路堵，怎么还会有这么多人赖着不走？"

首赞的答案是：

"这是一个你都30岁了、在饭桌上公开说自己还有梦想，却不会有人觉得你是个傻瓜的城市。"

突然想起自己上一次在饭桌上谈梦想时，也是30岁。那

次是和北京的同事一起去杭州出差，在西湖边上的某个小馆子里喝酒、聊天。

地产公司聊天的主题无非就是房子，那晚却有人突发奇想，说："要不我们轮流说一下自己还有什么人生梦想吧。"

大家顿时都对这个话题来了兴致。一群地产公司的员工，梦想竟然千奇百怪：有人想当桥牌大咖，有人想去读书当大学教授，有人想开个连锁饭馆，有人想做高格调民宿，有人想环游世界，有人想做儿童教育和公益……

我藏在这群人的角落里，默默想起自己笔记本电脑里某个已经快要被遗忘了的空文件夹，名字叫"我想当个小说家"。

我想说我的梦想是财务自由，当个小说家，最终却只说出了前半句，把后半句咽回了肚子里。毕竟30岁的我，日常除了写邮件，真的没写过什么，我怕吓着同事们。

毕竟他们不认识20岁的我。那时的我除了会写小说的开头，选修课都是艺术和哲学，还会写没用的散文和新诗。

话说回来了，

那时我们有梦，

关于文学，关于爱情，

关于穿越世界的旅行。

如今我们深夜饮酒，

杯子碰到一起，

都是梦破碎的声音。

——北岛《波兰来客》

从杭州回到北京我就想，不过是当个小说家，真的需要财务自由吗？

30岁那年，我和同事一起参加北京国际马拉松半程，起点是天安门，终点是学院路。

跑到终点，我就想起自己上一次参赛时才20岁，是和大学同学一起。

这两次半程我都顺利完赛，成绩差不多都是2小时15分。

唯一不同的是，20岁那次，我穿着五道口早市买来的10元钱一双的帆布鞋，“吃着火锅、唱着歌”，欢快地跑完了半马后，双脚被鞋子磨起了一串大水泡。而30岁时的我装备精良，换上了专业舒适的品牌跑鞋，跑完后双脚毫发无伤。

有钱确实好啊，做什么都能更加舒服，哪怕仅仅是跑步。

30岁的我跟20岁相比，物质生活提升很多：不用挤地铁了，不用租房子了，到超市里想买啥买啥。按网上对于中产阶级的划分，我至少实现了社会主义初级阶段家乐福版的财务自由。当然，我还能去追寻更多的自由，满世界随意旅行的自由，随意买房的自由，孩子随意择校的自由——但是20岁穿着10元钱的球鞋时，心里还保有的那个梦想的自由呢？

20岁时，有个大学同宿舍的姑娘害怕自己忘记梦想，和好友约定每次见面都要互相提醒：“你还记得自己的梦想吗？”而另一个人则要回答说：“不敢忘！”

我爱死了这种没用的仪式感——不敢忘！

30岁那年，我有了自己的第二个孩子。

25岁时，我用自己生第一个孩子的产假，发奋图强地考注册建筑师，这估计是所有女性建筑师逃不脱的宿命吧。

我把自己工作生涯中难得的闲暇产假埋葬在奶孩子和一堆无聊的复习题中。考试当天，因为要给孩子哺乳，孩子的爸爸大张旗鼓地带着孩子去陪考，我则在每次考试间隙急匆匆地冲出来喂孩子，就这样狼狈地考过了最简单的三门。

注册建筑师一共有8门考试，当时忽然想到25岁至30岁，我未来的每个春末夏初似乎都要这么度过，顿感人生灰暗。

没过多久，注册建筑师暂时停考，感谢上帝，让我发现没有考试的春天原来可以这么美好。

我清楚地知道自己之所以考注册建筑师，其实是因为大家都考，我就觉得自己也应该那么做。

从小到大，我一直都是乖孩子、好学生，我做了太多别人认为应该做的事，却忘了自己想要的是什么。

所以30岁那年的产假，即使注册建筑师已经恢复报考，我也下定决心不再报考了。

去他的场地设计、建筑设计、结构力学，我要当个小说家。

村上春树开始写小说的时候是29岁，那时候他欠了一屁股债，并没有实现财务自由。作为一个咖啡馆的小老板，他爬在餐桌上写出了自己的第一部小说。

后来我在想，他发表第一部小说之前是不是也写过无数个作废的开头？因为我就是这样。

在二胎并不长的产假里，我写了好多部小说的开头，都没有继续下去，以至于我觉得自己的梦想很可笑，最多只能当一个“小说开头家”。

30岁的尾巴上，发现自己不能继续当“小说开头家”后，二胎产假结束了，我回公司上班。

此时我清楚地知道了自己的人生定位——两个孩子的妈妈；一个做得还不错也能一直做下去的地产建筑师；一个一直在怀疑又一直在相信的理想主义者。

那年很多同事离职或调动，我有一个习惯，每次有相熟的同事离职，我都会送他们一本我所喜欢的书。但是这次却轮到他们送我——我要调去武汉。

望着服务了9年的北京公司，其中有我很多的好朋友，我想我应该做一些什么，让他们觉得我即使离开了，也依然活跃在他们的身边。

于是我开了一个微信公众号，唯一的粉丝是我的丈夫。

在这个公众号的第一篇文章里，我用冗长的文字回顾了我们在北京生活的点滴和对生活的理解，然后一夜成名。

这篇叫作《房子不是最重要的，爱才是》的文章，在我那个仅仅一个粉丝的公众号里，一天之内阅读量迅速过了10W+，被《人民日报》等二十多家主流媒体转载，也为我的个人公号积累了上万粉丝，我也顺势成为所谓的现象级网红。

媒体和电视台打电话邀请我，我都拒绝了，我说我就想当个幸福的普通人。我又说谎了——其实我清楚地知道，我从来没有想过要当网红。我不偏激、不深刻、不想博眼球、不想卖东西，我只想当个小说家。

我记得二十岁那年，我男朋友在北大演一出话剧，邀请我去看。

他演的是一棵树，那部剧的名字叫《三棵树的愿望》。

我想起自己以前在英语考试的“阅读理解”里读过这个故事——

山顶的三棵小树，一棵想成为珠宝箱，装满昂贵的珠宝；一棵想成为威风的大船，承载国王；另一棵就想长成高高的树，立在山顶，指向天空。

多年以后，想成为威风大船的树被制成了一艘小渔船，整天挂着腥臭的渔网；想成为珠宝箱的树被做成了一个马槽，盛着干草和马的唾液；想当大树的树成了一段被遗忘在角落里的烂木头。

直到一个婴孩来到他们的生命中。

那个马槽成为装载婴儿的摇篮，没有珍宝比他更珍贵。

那艘破船成了婴儿长大后传道授业的渔船，以色列人将他称为君王。

那截烂木头成为山顶的十字架，成为爱的象征。

这则寓言的结尾是：

> 我的意念非同你们的意念；我的道路非同你们的道路。
>
> 天怎样高过地，照样，我的道路高过你们的道路；我的意念高过你们的意念。

告别北京回到江城，朋友们来送我，我们一起弹琴唱《我不知明天的道路》：

> 我不知明天的道路，
>
> 前途或顺或逆；
>
> 但我知谁掌管明天，
>
> 我也知谁牵我手。

刚来北京的时候，我只是一名18岁刚刚高考完的学生；离开北京的时候，我是两个孩子的妈妈，有一份不错的职业，依然怀揣梦想。

2017年高考结束后，我开始在自己的个人公号上连载关于高考的小说。这部小说人性单纯，情节进展缓慢，更新速度更缓慢，我越写越自卑，尤其是对比自己读过的那些小说，常常怀疑我这样子的人也配写小说？

我在写作低落、无助、枯竭中重温了保罗·柯艾略的《牧羊少年奇幻之旅》，不断告诉自己：所有梦想的实现都是始于新手的运气，而终于远征者的坚持。然后告诉自己不要放弃，硬着头皮继续写，然后在每篇连载的末尾都固执地写上：“好想当个小说家”。

我还记得小说里写的那个17岁的女孩，在考了全班倒数第一之后倔强地宣告："我要考清华。"

我还记得那时她经历过许多的彷徨无助，但仍然那么坚定。《牧羊少年奇幻之旅》中的撒冷王说："只要你真心渴望某件事情，整个宇宙都会联合起来帮你。"

我好庆幸那个女孩32岁了，无论身在北京还是江城，依然记得自己的梦想，哪怕是那么容易被嘲笑的梦想——我想当个小说家。

你所经过的黑暗谷都将成为祝福

去看《一个人的课堂》这部冷门片的时候，几乎是一个人的影院。

看完之后就决定，一定要带孩子再来看一次。

搜了搜排片又绝望了，在一众热门片的挤压中，这部获得2016第49届休斯顿国际电影节“最佳外语片奖”的影片，排片量少到几乎可以忽略不计。

所以即使看到我这篇影评，你想去找这个片子，多半也只能碰碰运气。

但是我仍想为这部冷门片写一个影评，因为在我眼里，如果按真实、正义、无畏、同情来评断的话，它丝毫不逊色于明星云集的《无问西东》。

说是一个人的课堂，其实是两个人，一师一生。

先说说老师。

这部片子里的老师是一个普通的乡村代课老师，叫宋文化，教了三十几年书，很敬业，却一直没有转正。

有几个令人印象深刻的细节。

宋文化曾经的学生回来拜访老师，学生做生意做得不错，想请老师去城里帮自己记账，一个月给5000元钱，而宋文化当时每个月的工资是500元。但宋文化想都没想就拒绝了，说自己还有学生要教呢。其实他当时的学生就俩，后来又跑了一个。

新来的师范生接班，宋文化在升旗仪式上郑重地将敲上课铃的铁棍交给他，让他准时上课。宋文化自己就是这么做的，几十年如一日地在写着大大的“忠”字的墙壁和屋檐下悬挂着的角铁旁边，敲响上课铃。遗憾的是，这个大学毕业生没怎么用这个铁棍，没过几天他就辞职了。

唯一的学生明明，因为奶奶在给他送饭时摔到了河里，要照顾奶奶没法来学校上课。宋文化一个人举行完学校的升旗仪式之后，拆下了教室的黑板，绑在自己身上，背到了明明家，在奶奶的病床前继续给明明上课。看到这一幕，奶奶才安心离世。

严格来说，宋文化算不上一个出色的老师，他的普通话还没有学生标准，有点小虚荣，经常在村长面前说大话，还因为没考过公职被开除而和教委赌气。

但是他每次上课前都会整理自己的衣服，把敲上课铃和升旗仪式看作神圣的事；看到明明家里灯光昏暗，马上将自家的台灯送给他。

影片的最后，在把最后一个毕业生明明交给初中学校的老师后，宋文化进城当了一名下水道清洁工。他每月给明明寄生活费，给他写信，信里写——一日为师，终身为父。

影片的开始，宋文化还有4个学生，但慢慢地就只剩下明明一个学生了。

而且，明明之所以能留下来，是因为命苦——母亲跑了，父亲在外打工，他和奶奶相依为命。

厄运不断降临在这个孩子身上。

父亲因为工地事故意外身亡，工长赔了8万元钱了事。

奶奶又意外摔伤。

只剩了这么一个孤儿。

但他又是幸运的，他遇到了宋文化这样的老师。

宋文化都已经买好了去城里的票，但临出发前又折了回来。他想着，明明还有半年就毕业了，他要送走明明——他的最后一个学生。

明明也争气，哪怕只有他一个学生，他也在上课的时候认真地大声喊：“起立，老师好！”

奶奶摔伤了，他一个人在家切菜、洗衣、照顾奶奶，还不忘记写作业。

他每天沿着蜿蜒的山路去上学，不知磨破了多少双鞋。后来，当他作为自己所在小学唯一的学生代表去县里参加田径比赛时，得了第一名。

看这个片子的时候，你会心疼这个孩子，却不会为他哀伤。

因为无论命运如何对待他，他始终都没有丢掉自己孩子般的诚挚笑容——哪怕所有的亲人都弃他而去，至少他还有一个可以依靠的老师。

只是，并不是所有不幸的孩子都有明明这样的幸运。电影温情满满，但“乡村教育”和“留守儿童”这两个沉重的现实话题，远比电影演绎出来的要残酷得多。

宋文化的背后，是广大的乡村教师。

中国历来都有尊师重教的传统，教师也颇受尊重，但教师待遇之低却世所罕见。

中国义务教育阶段的教师中，有74.57%分布在镇区和乡村，近1/4在艰苦地区工作，71%的乡村教师可支配月工资为1500 ~ 2000元，15%的教师可支配月工资为2000 ~ 3000元，还有部分教师月工资不足1500元。

宋文化对在上课的时候出去打电话的师范生说：“你以为这里没有领导吗？孩子的眼睛就是领导。”可是情怀不能当饭吃，在理想和现实的巨大差距面前，这个师范生落荒而逃。

拿着几千块的工资，做着人类灵魂的工程师——这就是中国教师群体的真实写照。

明明的背后，是广大的留守儿童。

片子最后的数据显示，中国有6100万农村留守儿童，其中像明明这样完全没有人照顾的孤儿就有205万。

片中乡村小学的衰败得益于本世纪初的撤点并校运动，2000 ~ 2012年的10余年间，农村小学数目由44万减少到了15.5万。

我的高中同学中有很大一部分都毕业于当地村小，但到我们大学毕业后，他们的小学早就不复存在了。

撤点并校直接导致学生的求学距离变远，最近刷屏的“冰花男孩”就是每天狂奔在上学路上的祖国花朵。

贫困和入学还不是这些孩子最大的问题，最大的问题是孤独。

2014年，安徽9岁的小闯在接到妈妈说今年过年不能回家的电话后，在屋外厕所的房梁上自尽。

2015年，贵州毕节的4兄妹在家喝农药自尽，哥哥张启刚在遗书中写道：“这件事情其实计划了很久，今天是该走的时候了。”

自杀只是这些孩子结束生命的一种极端方式，2006 ~ 2015

年10年间239起事件中，留守儿童非正常伤害事件共83起，占总数的34.73%，占比最高。其中留守儿童遭受性侵害舆情事件62起，遭受他人蓄意伤害及杀戮21起。

而影片中没有详述的课堂流失的3个孩子背后，是广大的随迁儿童。小女孩坐在父亲的摩托车背后进城了，她就会从此过上幸福的生活吗？

2016年，全国流动人口总量约为2.47亿，随迁子女约3500万，这些孩子多被称为“外来务工人员子女”，或者更通俗的称呼“打工子弟”。

仅就北京而言，非京籍孩子上学只有两种选择，一是公立学校，二是民办自建学校。

但公立学校有极为苛刻的学籍制度和五证要求（五证：在京务工就业证、在京实际住所居住证明、全家户口本、在京暂住证、户籍所在地街道办事处或乡镇人民政府出具的当地没有监护条件的证明等相关材料），而民工子弟学校，仅在2011年就被责令停办拆除了24所。

教委承诺不让每个孩子失学，事实却是在学位紧张的情况下，房子、纳税、社保甚至父母的学历，每一个都会成为这些孩子于所在的大城市入学、高考的障碍。

2016年，一位非京籍家长因为孩子幼升小审批无法通过，在昌平区政府门口绝望自焚。虽然是个例，但就像太阳中的黑子，无可否认它们就发生在我们这个伟大时代里。

电影里有一个细节，就是在参加跑步比赛之前，宋文化一遍一遍地教明明按正确的姿势起跑。

这十分耐人寻味。城里人都在担心自己的孩子会不会输在起跑线上的时候，山里的孩子却连怎么起跑都不知道。

散场回家路上，宋文化背着黑板去明明家的那个镜头一直在我眼前晃。

他执着的背影，让我想起一段话：

“一个人若有一百只羊，其中一只走迷了路，他岂不把这九十九只撇在山上，去找那迷路的吗？”

意思是一百只羊，即使有一只没有在羊圈中，牧羊人也会竭尽全力去寻找。

教育不更应该如此吗？

何况绝不仅仅是百分之一，中国2.2亿的儿童中，有6100万留守儿童，3500万随迁儿童，这近一亿孩子的教育，难道仅仅维系于月薪2000元的乡村教师和因为不规范办学随时可能被关停的打工子弟学校吗？

也许我们能做的有限，但至少不能无视。

要知道，这既是一个人的课堂，也是半个中国。

Part

活出不用修改的青春，愿你单纯也光芒万丈

不负韶华不负卿

我想讲一个回武汉后才知道的故事，故事的主人公是陈怀民。

第一次听到这个名字，是因为我所居住的江城有一条长江边的小路叫做陈怀民路。武汉以人名命名的道路并不算多，大多数都是人们所熟悉的伟人、抗战英雄，中山路、张自忠路、彭刘杨路，但这个陈怀民——以前却从未听说过，所以激起了我的好奇心，他是谁?

直到用有限的资料拼凑起他的短暂人生之后，我才被深深震撼，因为这绝对不仅仅是一个简单的英雄故事。

陈怀民，1916年12月25日生人，出身于留洋归来的大户人家，帅气，会打篮球，成绩好，念高中的时候就是那种人见人爱的男孩子。

1933年，也就是陈怀民17岁的时候，高考完填报志愿时填报了一所当时贵族们趋之若鹜的名校。这所学校的学生都出身显赫，非富即贵，是真正的天之骄子。

1935年，19岁的陈怀民参加当时的大学生篮球联赛，在西子湖畔遇到了18岁的王璐璐——出身金融世家的浙大女生，彼此一见倾心。

她待他一片冰心。1937年，20岁的王璐璐专程去探望陈怀民，送给他一套景德镇烧制的茶具，刻字："天民[①]吾兄惠存，妹璐璐敬赠。"

他待她一往情深。1938年，22岁的陈怀民在带璐璐逛街时给她买了一件旗袍，告诉她："这可能是我给你买的唯一一件纪念品，你看到这件衣服，就像看到我一样。"

出身名门，满腹诗书，才子佳人，天造地设。讲到这儿就像在讲一个很美的爱情故事。

可惜并不是。

我想王璐璐应该一开始就知道他们的爱情会如同飞蛾扑火，因为陈怀民当时就读的是中央航校，这所学校有着世界上

① 陈怀民原名天民。

最为冷酷的校训："我们的身体，飞机和炸弹，当与敌人兵舰阵地同归于尽。"这是历史上唯一被年轻人用生命和热血践行的校训——16期毕业生，共1700人冲天参战，十之八九以身殉国，共击落敌机超过1200架，平均阵亡年龄仅23岁。

所以21岁的陈怀民，在本该于大学校园里谈情说爱的年纪，就参加过数次空战，多次负伤，屡立战功。

1938年4月29日，日军发动了"4.29"武汉大空战。此战中，陈怀民升空5分钟便击落了一架敌机，继而被5架日军战机围攻，他在战机着火、自己身受重伤后，猛然调头180度拉升，与右上方追击来的敌机迎面相撞。

他，从3000米高空坠落江中。

这是一次惨烈无比的碰撞，他因此成为世界空战史上与敌机对撞的第一人。

他的壮举使日军飞行员为之丧胆，更让战友们悲愤难当，经过30分钟激战，他们一举击落日机21架，取得抗战以来最辉煌的胜利。

一周后，航空委员会前往陈怀民家进行慰问，刚经历了丧子之痛的老父对前来慰问的人员说："怀民之死，死得其所，惜其为国，尽力太少！"

一个月后，王璐璐独自来到恋人战机坠毁的地方，跳入了滚滚长江。

3

死亡让人唏嘘不已，却还不是这个故事的结局。

陈怀民的尸体被打捞上来后，人们在他遗体贴胸的空军皮套里发现了一封他写给女友的情书：

为你，我爱恋发狂；为你，相思成疯你不知。今生能否再见你？……

在搜索陈怀民遗体的过程中，那架与他对撞的日机飞行员高桥宪一的遗体也被寻到。无独有偶，在他的飞行服中也藏着一位年轻女子的照片和信件：

宪一君：

不知怎的老是放心不下，想接到你的来信……我甚至有时想到不做飞行员的妻子才好，做了飞行员的妻子，总是过着孤凄的日子。所以我时而快乐，时而悲痛，内心深处尽是在哀泣着！有时一想到已经有许多人无辜牺牲，不再回到这不幸的世界上来，而你还健在的事，固能自己安慰自己，不过过了三四天，依然心灰意冷了。家里人无限挂念你，希望你好好保重身体。光是死并不是荣誉的事，我是祈求你十分小心地去履行你的职责。

看护孩子的保姆，她每天替孩子洗过澡以后，就很关心的把他们放进温暖的被窝里去，孩子总是睡得很熟的。这两个孩子，每天是在大笑中过日子……

美惠子 4月19日

这两封信，仿佛是一问一答，问的是故国的勇士，答的却是敌国的娇妻。

战场上的敌人，看似势不两立，可高桥宪一其实和陈怀民一样是铁骨柔情的丈夫，他们背后都有痴痴等待的妻女、爱人。

陈怀民的妹妹看到这两封信的时候，由于痛失兄长，她刚刚将自己的名字由陈天乐改名为陈难，国难的难。只是看到照片中这个女子哀婉的眼神和信件后，她原来对敌国的仇恨，却变为对这个与自己遭遇相同的女子的深刻同情，于是不禁提笔给美惠子写了一封回信：

……

我失胞兄的心情，使我设身处地地想到你失去高桥先生的心境，想到中日人民竟如此凄惨地牺牲于贵国军阀的错误政策之下，因此我不能不告诉你这个真实！

我的母亲，只有伤感地凝望着漫不经心的江水和惨淡月色，让惨痛的回忆敲打她年老将断的心弦。然而青春多情的你，片片樱花也会引动相思。你也许能够从悲惨的遭遇中，想到人类的命运吧！

怀民哥坚毅地猛撞高桥的飞机，和高桥同归于尽，这不是发泄他对高桥君的私仇。他和高桥君并没有私人的仇恨。他们只是被两种不同的力量粉碎了他们自己。……

由于我惨烈的哀伤，我就常常思念到你。想到你的整天在笑中生活的两个孩，和你此后残缺凄凉的生涯，我恨不能立刻到贵国去亲自见到你，和你共度友爱的一生。我决不会因你国内的军阀对我们的侵略而仇恨你。我深深了解你们被那疯狂的军阀压迫的痛苦。

……

末了，我告诉你，我家里的父母都非常深切地关怀你，像关怀他们的儿女一般，不带一点怨恨。我盼望有一天让我们的手互相友爱地相握，心和心相印，沉浸在新鲜的年轻人的热情里。

这封信由《武汉晚报》刊载后被译成各国文字广为流传，感动了“二战”中千千万万个支离破碎的家庭。最让我感动的是她作为战争最深切的受害者，宣扬的却不是仇恨和民族主义，而是对全人类苦难的深刻理解和怜悯。

只是这封信，由于日本当局的言论管制，纵然已经传遍了全世界，仍然没有到美惠子的手里。

我追寻着陈怀民的故事找到了台湾拍摄的一部叫作《冲天》的纪录片，它讲述的就是许许多多像陈怀民一样的中央航校飞行员们的事迹。

他们风华正茂，他们慷慨赴死；他们儿女情长，他们舍生取义。

他们是林恒——林长民之子，林徽因的胞弟。

他们是高志航——法国归来，精通三国语言的空中总教头。

他们是沈崇诲——民国司法院大法官沈家彝之子，清华毕业生。

他们是阎海文——高喊“中国无被俘之空军”英勇殉国的男儿。

他们是刘粹刚——空中赵子龙、许希麟的铁鸟痴汉。

他们是周志开——以一敌八、获得“青天白日勋章”的空战英雄。

他们是……

如果可以，我真愿意长歌当哭，一一罗列这些姓名。

“父亲怎样怜恤自己的儿女，愿你的国也怎样纪念你。”

他们有的来自顶尖学府，有的是归国华侨，有的出身名门望族。他们也有浪漫缱绻的爱情，他们也有望穿秋水的亲人，他们也有对未来生活的热切向往，只是他们选择了牺牲。

他们在日记中写道：

> 三天前，我最好的战友没有回航，我知道下一个就轮到我了，我祷告，我沉思，内心觉得平静。

导演在纪录片中这样讲到：“这群20多岁的大孩子们，比谁都接近死亡，因此他们不得不比谁都接近上帝。如果死神前来敲门，他们没有任何闪躲的余地，纵使有再多的不舍，他们也必须下定决心斩断自己的未来，才能让所爱的人有未来。”

林徽因曾经为她的弟弟林恒写过一首长诗《哭三弟恒——三十年空战阵亡》：

> 弟弟，我没有适合时代的语言
> 来哀悼你的死；
> 它是时代向你的要求，
> 简单的，你给了。
> 这冷酷简单的壮烈是时代的诗

这沉默的光荣是你。

……

你们给的真多，都为了谁？

……

我既完全明白，为何我还为你哭？

只因你是个孩子却没有留什么给自己。

小时我盼着你的幸福，战时你的安全，

今天你没有儿女牵挂需要抚恤同安慰，

而万千国人像已忘掉，你死是为了谁！

这首长诗既是哀悼自己的弟弟，更是哀悼那淹没在历史烟尘中的中国空军。

就像影片最后引用的丘吉尔评价英国皇家空军的话：

在人类征战的历史中，从来没有这么多的人，对这么少的人，亏欠这么多的恩情。

一寸山河一寸血，一寸相思一寸灰。

在知道这些故事之后，我每次路过长江，都忍不住看一眼上方的万里晴空，庆幸自己生在和平年代，天空中飞翔的已经不是战斗机，而是民航客机。

中国现在甚至有了自己制造的大型飞机，我们再也不用害怕自己的亲人在飞向天空后与我们后会无期。

高考结束，我们的青年在填报志愿的时候，也再没有一所这样的学校，需要“为有牺牲多壮志”的校训。

但是我们怎么能够忘却呢，曾经有一群这样的青年：他们为你失去了生命，却仍让你爱你的仇敌。

他们用生命去捍卫的，本来就不是仇恨，而是爱与和平。

只问深情　无问西东

6年前就听说的影片终于上映了。

上映第一天就迫不及待去看。我也不知道我是为了去看电影，还是为了去看清华，或者是去看曾经也属于自己的青春。

离开学校越久，就越想回学校。

就像孩子，年少时想离家，向往海阔天空，而漂泊久了，反而惦念故乡。

灯光熄灭，影片启幕，校歌响起。日晷，草坪、大礼堂出现在眼前的时候，泪就涌出来。

100年，这座园子迎来送往，拆毁过、建造过，埋葬过死者，也开启过新生。

那一幕幕青春悲喜剧轮番在大时代中上演，而当曲终人散，一个个熟悉又陌生的名字浮现，我仍忍不住去回想那些影片中的问题，寻找属于自己的答案。

什么是真实？

片中提出的第一个问题来自陈楚生饰演的20年代的吴岭澜，他国文和英语都考满分，物理垫底，却因为优秀学生都学实业而选择理科。

学理还是学文，他望着自己的成绩单，在抉择面前迷茫。

老师梅贻琦建议他真实地对待自己的内心，他却问："什么是真实？"

他青春的年代是1920，我青春的年代是2010，但这个问题却一点都不过时，同样是我在园子里曾经无数次问过自己的问题。

每一个考进清华的人都是曾经的第一名，世人的评价和期待其实就像一把尺子放在每个人的身上，督促你去忙碌于追逐、忽视自己的内心。

但是人生并不像考试，有着单一的正确答案。

许多抉择摆在面前，许多声音呼唤着你，却往往听不见自己内心真实的声音。

我也曾在工字厅前踟蹰过人生；我也曾在凌晨的主楼前怀疑过自己是不是适合学建筑；我也曾抱着"红宝书"在老图书馆背过GRE……

可是规划好的道路就是你内心想要的道路吗？

高薪的、好找工作的热门专业就是内心的呼召吗？

出国留学就是你最梦寐以求的出路吗？

当世界都催促你赶紧去追逐的时候，有没有一位如梅校长那样的谦谦君子坐在你面前，提醒你什么是属于你的真实？

生命是为了追逐名利吗？

片子里第二个问题来自王力宏饰演的30年代的沈光耀。

他出自名门世家，就读西南联大却想去参军。母亲匆忙赶来以家训令其放弃，说不想让独子追寻必然幻灭的名利，还没有弄清楚当怎样生活，就匆忙送死。

他跪在泣不成声的母亲面前，承诺不去当兵。

但是孩子却最终因眼见日军轰炸的残忍，选择了对不起母亲。

中央航校——堪称历史上唯一以牺牲为校训的学校。

每一次训练后返航，他都特意路过一个孤儿村，给他们空投食物。而这些孤儿们正在和一名修士一起唱着《奇异恩典》，仰望从天而来的供应。

在这样的音乐中，他在执行一次轰炸敌舰的任务时，因飞机故障，他毅然放弃跳伞，驾驶着940号飞机，默念着“妈妈对不起”，从2000米高空对准敌舰开足马力冲下，击中敌舰火药库，火光震天。

我曾经专门写过一篇纪念中国空军的文章，来推荐海峡对岸拍的那部叫做《冲天》的纪录片，因着那部纪录片，我知道原来有一个叫沈崇诲的师兄，殉国时年仅26岁。

他们的慷慨赴死，换得山河犹在，国泰民安。

如今中国已经有了自己的航母——辽宁舰。电视里看到辽宁舰上那个操作导弹的士兵，是当年和我同一个高中、同年考取清华的同学。

他是隔壁班的班长，从小立志从军，高考报了清华的国防生；在我们毕业为各种好或更好的出路犹豫的时候，他去了“二炮”。

无论是在战争年代，还是和平年代，总是有好男儿传承了朴素的家国情怀。

知识、爱情、悲悯，这些都让我们更加热爱生活，一旦战争爆发必须做出抉择，我们会如何选择？

我们是否如沈光耀一样，拥有值得自己用生命去捍卫的东西？

“你怪她不真实，可是你给过她真实的力量了吗？”

孤儿院中仰望飞机的孩子长大，成了20世纪60年代清华工物系的高才生，片子里的第三问就来自黄晓明饰演的陈鹏。

园子中的爱情真美。

他为了给王敏佳解释什么叫核，拉着她的手跑过了清华学堂、西操、校河、建设中的主楼……

他给她刻章，刻花，甚至为了照顾她婉拒去九院工作。

然而他最终还是去了。回来的时候，看到了“文革”中被批斗、倒在血泊中的王敏佳。

他为她掘好了坟墓，她却在暴雨中得以苏醒，重获新生。

在她的假墓前，陈鹏拷问为了支边名额而放弃保护王敏佳的李想：“你怪她不真实，可是你给过她真实的力量了吗？”

好难为人的诘问啊！

事实是，那是一个几乎每个人都没有办法坚持真实的年代，甚至连那段离我们很近的真实的历史我们至今都觉得陌生。

清华著名的二校门就在那场浩劫中被毁，后来建筑系的老先生对着照片复原了如今的二校门。

校门可以重建，文化呢？人心呢？

国家走一段弯路，对个体而言就是毁了一生。

裹挟在时代洪流当中的个体，就如一片飘零的树叶，不知道如何阻挡汹涌而来的大潮。

但即使是一片树叶，我是否有过挣扎？我向哪个方向挣扎？

如果中国再来一次义和团或红卫兵运动，我能不能清醒地说不？

当大家都在赞美皇帝的新衣、异见者被蒙住嘴巴时，谁给那个孩子说真话的力量呢？

如果提前了解你所要面对的人生，你是否还会有勇气前来？

逝者已矣，生者如斯。

镜头最后回到2000年后的北京，没有战争，没有革命，生活却并不显得简单。

扶起一个摔倒的老人都有可能被讹诈的现代社会，哪怕是行善都需要鼓起勇气。

职场倾轧中，张果果犹豫着是不是要救助困境中的四胞胎。

在跟随父母去给当年支边牺牲的李想扫墓后，他有了自己的答案。他拒绝了揭发前任领导的要求，说："我和他们不一样。"

片尾，他望着婴儿床中可爱的孩子，在窗玻璃上画上如教堂一般的彩色图案。

如果提前了解你所要面对的人生，你是否还会有勇气前来？

其实每一个影片中的人，都给出了一个答案。

泰戈尔说：

我竭尽全力恳求你们，不要忘记你们的真心和真性

情，拿出你们的光亮来。

沈光耀的母亲说：

没有想要你追求功名，那都是一场幻灭。只希望你做自己喜欢的事情，读万卷书行万里路，有自己喜欢的姑娘，结婚生子，不是为了我，而是你能享受人生乐趣。

而我最喜欢梅贻琦校长的话：

人把自己置身于忙碌当中，有一种麻木的踏实，但丧失了真实，你的青春也不过只有这一些日子。什么是真实？你看到什么，听到什么，和谁在一起。有一种从心灵深处满溢出来的不懊悔也不羞耻的平和和喜悦，这就是真实。

他的答案也是我所找到的答案。

这部电影的片名取自清华校歌中的一段：

器识为先，文艺其从，立德立言，无问西东。

意思是格局和胸襟胜过文章的技巧，立德立言，不受东西方的局限。

这句话用来形容影片自身也不为过，一部被审查了6年的片子似乎注定不太会成为流行片，但是我仍然想为导演喝彩。

因为我仅仅作为一个公号作者，也知道在如今的环境下，庆祝清华百年校庆的影片没有政治色彩、没有渲染爱国、没有塑造完美人格，而是竭力地去描绘一个一个在真实而又残酷的历史环境当中基于人性做出抉择的青年，是多么的不容易。

拍摄的格局和立意胜过技巧本身。

对于人生和历史的思考超越民族主义的局限。就如片中的空军教官所说：

> 这个时代不缺完美的人，缺的是真实、正义、无畏和同情。
>
> 同样，这个时代不缺叫座的电影，10W+的文章，缺的是真实、正义、无畏和同情。

感谢这部不完美的电影，让我看到：

不必成为完美，只要行公义、好怜悯、存谦卑心，与你同行，无问东西。

万物都有裂痕，那是光照进来的地方

听到四川九寨沟发生了7.0级地震消息的时候，我正在加班。

新闻里一对30多岁的武汉夫妇带着孩子在九寨沟旅游，大巴被落下来的巨石砸中，母亲当场身亡，父亲在生命的最后一刻把六年级的孩子推出了车窗。

在为这位父亲唏嘘的同时，也心疼这个孩子。

余生漫漫，地震是可怕的，然而更为可怕的是灾难后，在丧失亲人的同时又陷入对人生的绝望。

我依然清晰地记得这种绝望的心情，那是9年前我在汶川和震后余生的那些孩子们相遇的时候。

大学毕业的暑假，还没有开始正式工作。汶川地震发生后，我跟随一个NGO组织进入四川，在绵阳附近的一个小镇协助当地居民灾后重建。

我的工作十分简单，就是帮助那些房屋已经倒塌、在废墟里收拾家中仅存财物的村民们看孩子。

那天我刚刚到达，还没有正式开始授课。路过帐篷学校时，看到一个4岁的小女孩在哭。她见到我，就直接冲了出来，央求我抱抱她。

我抱起她坐在教室的角落里，然后就抱了这个女孩一整天。后来我知道，这个小姑娘叫明晰。

老师们跟我说这个女孩会黏住每一个她能黏住的老师，因为她害怕。

第二天，她带我去了小镇中心幼儿园的遗址。目及之处，皆是断壁残垣，上面插满了花圈，每个花圈正中都是一个孩子的黑白照片。那些孩子都是很可爱的孩子，胖乎乎的脸，天真的笑容。而其中一个就是明晰的弟弟，只有3岁。大眼睛，双眼皮，眼睫毛很长，一看就是一个很机灵的孩子，长得很像他的姐姐明晰。

那一刻我真切地知道，这些仍在帐篷里或哭或笑的孩子，每个都是多么宝贵。

志愿者的服务时间都是有限的，毕竟大家都是从自己的工作中抽身而来，是从全国各地来的。我去的时候是接手小麦老师的工作，做小班的班主任。

小麦老师走的时候，尽管明晰跟我已经很熟，但她仍然抱着我号啕大哭。我安慰她说，小麦老师走了还会有新的老师来，他们都会一样爱你。可是只有4岁的明晰哽咽着说："我……要小麦老师、菲菲老师，我不要新的老师。一个一个老师来，太多老师、太多名字了，我会记不住的。"

我听了好难过。这个多灾多难的暑假，让一个只有4岁的孩子承受了人生中最多的生离死别，就像她不知道为什么老师要离开一样，她也不知道弟弟为什么要离开，而且永远不会回来。

我们能做的是如此有限，注定只能做她生命中的匆匆过客。在与她短暂相处的时间里，除了拥抱她，我还能做什么？

后来的日子里，我慢慢知道了班里每一个孩子和地震相关的故事。

有一个男孩叫龚强，长得很黑，比同龄的孩子瘦小好多，却很活泼，一点也不认生。我刚认识他的时候他生病了，喉咙痛，拉着我带他去看旁边的军医。

他的小伙伴告诉我，地震的时候龚强因为要上厕所离开了教室，很幸运地活了下来。我当时想，真好，这真是个幸运的孩子。

我带他们去小溪边玩，大家玩得很开心的时候，龚强突然停下来，用稚嫩的童声和很夸张的表情问我："老师，你说地球会不会爆炸？”

我看着这个 4 岁的孩子惊恐又认真的样子，想到他的遭遇，一时真的不知道该怎么回答他，只是把他抱到怀里，说：“不会的，地球就像爸爸一样，他的怒气只是转眼之间，他的恩典乃是一生之久。”

周末学校放假，毕老师说我们到山上去看看吧。可是临出发的时候，孩子们来找我玩。我对他们说：“对不起，老师上午要去山上。”

其他小孩就不说话了，只有龚强抱着我不撒手，哭着说：“老师，我不让你去山上，不许去。”

我以为他是想要我留下来陪他玩儿，便说我可以去给他拿玩具玩，可是现在我必须上山去。结果这孩子抱得更紧了，哭得更厉害，哽咽着说：“豆豆老师，我不是要玩，妈妈说山上都塌了，很危险，你不要去。”

我愣住了，不知道说什么好。这么小的一个小孩儿！

后来一次上体育课的时候，他摔伤了膝盖，哇哇大哭起来，我赶紧抱起他去上药。

为他缠裹伤口的时候，看他哭得上气不接下气，我突然心疼得泪流满面，心里喊着说：“上天啊！这么幼小的一个孩子，这么一个老师上山他都会担心危险的孩子，这么一个连磕伤了膝盖都会哭的孩子，你怎么忍心让他仅仅上课中去了一次厕所，回过头来却眼睁睁地看见自己的教室轰然倒塌，老师和同学都葬身其中……”

我真的不知道为什么。

“老师，你说为什么会有地震呢？”

问出这个问题的孩子叫云成，5岁，帅气又活泼，像个小福娃。地震时，他是滑着滑板逃出来的，他妈妈说如果是跑着出来他可能就出不来了。我刚听到他的故事的时候想到那个场景，觉得这个孩子真是勇敢，在震荡的大地上玩滑板，会不会像冲浪一样呢？

云成属于天才型小孩，无师自通了很多东西，会画很漂亮的简笔画，还会跳孔雀舞。那天老师们在学校前的空地开小型音乐会，有二胡、手风琴、电子琴、吉他，大家在一起唱诗歌。这个男孩跑来了，跳了一段很美的孔雀舞。

可惜当时我不在，等到我从帐篷出来的时候，他已经跳完了。其他老师看见我过来，跟他说：“豆豆老师没有看见你跳孔雀舞呢，再给我们跳一遍好不好？”

结果他害羞了，拉着我的手和明晰一起跑了起来，跑到旁边的果树林，很小心地跟我说：“豆豆老师，那里人太多了，我不好意思再跳了。在这里没有其他人，只跳给你一个人看。”

我到现在都很清晰地记得那个场景：悠扬的歌声，一个跳舞的小男孩，倒塌的房屋，白色的帐篷，还有近处的树林和远处的山——我从来没有见过这么美的舞蹈——“你已将我的哀哭变为跳舞，将我的麻衣脱去，给我披上喜乐。”

那天放学，下了很大的雨。我见外面很冷，便把孩子们留在我的帐篷里玩，等家长来接。他们开心极了，又唱又跳又闹。我望着他们，想到自己明天就要走了，就坐在床边独自发呆。云成玩着玩着，突然停了下来，坐到我的身边，安静了下来。5岁的他像个小大人一样望着远方，说：“豆豆老师，你说为什么会有地震呢？”

是啊，我也不知道，为什么会有地震呢？

离开四川之前我教孩子们唱了一首歌，是我很喜欢的一首歌，叫做《眼光》。

不管天有多黑，星星还在夜里闪亮。

不管夜有多长，黎明早已在那头盼望。

不管山有多高，信心的歌把它踏在脚下。

不管路有多远，心中有爱仍然可以走到云端。

谁能跨越艰难，谁能飞跃沮丧，谁能看见前面有梦可想。

上帝的心看见希望，你的心里要有眼光。

哦，你的心里要有眼光。

这首歌对于四五岁的孩子来说并不容易，但是我教了一遍又一遍，直到每一个孩子都学会。

志愿期结束，我将要离开四川的时候，我都没有办法回答孩子们这些问题：为什么弟弟会死？为什么教室会倒塌？为什么会有地震？

就像我不知道为什么世界上会有战争，为什么会有杀戮，为什么会有疾病，为什么会有死亡，为什么会有仇恨一样，我也不知道为什么世界上会有地震，为什么是在四川。

逝者已矣，然而生者仍要奋力前行。

从四川归来，在我的毕业纪念册上，我只放了一张那个幼儿园的照片，上面写着：“压伤的芦苇，他不折断；将残的灯火，他不吹灭。”

毕业庆典，班级的节目是诗歌朗诵，我们是三十个人在舞台上，每人一句念出了这首著名的关于爱的诗歌：

我若能说万人的方言，并天使的话语，却没有爱，我就成了鸣的锣、响的钹一般。我若有先知讲道之能，也明白各样的奥秘、各样的知识，而且有全备的信，叫我能够移山，却没有爱，我就算不得什么。我若将所有的周济穷人，又舍己身叫人焚烧，却没有爱，仍然与我无益。爱是恒久忍耐，又有恩慈；爱是不嫉妒，爱是不自夸，不张狂，不做害羞的事，不求自己的益处，不轻易发怒，不计算人的恶，不喜欢不义，只喜欢真理；凡事包容，凡事相信，凡事盼望，凡事忍耐；爱是永不止息。

后来我们当中有一些志愿者留在了四川，一直帮助当地的居民，在我们当年所在的帐篷学校，依然唱着我们教孩子唱的那些歌曲。

而我返回了我的生活，成为一名建筑师，那些地震中的孩子却始终作为一个共同的记忆留在了我们的脑海当中。

记得一个孩子10岁生日的时候，我托当地的志愿者给她送去蛋糕。她给我的回信是："什么能使我们与爱隔绝呢？"

大地裂开的时候，我们仍然看见希望，只是你的心里要有眼光。

我依然不知道为什么会有地震，但我知道万物都有裂痕，那是光照进来的地方。

Part

生活有千百种可能，总有一种是你想要的样子

作为北大媳妇的我，还是建议你报考清华

每年的高考志愿季，对于分数拔尖的学生来说，最热的话题莫过于是报清华还是报北大了。

说到这两所大学的区别，我作为一名北大媳妇的清华女，常年混迹于燕园和清华园之间，确实有些心得。简而言之，它们的区别主要集中体现在校训和校风上。

清华的校训耳熟能详——“自强不息，厚德载物”。

北大校训是……据说这个问题我们的邻居一直在争论，已经争论了一百多年。

究其原因，其实是因为两所学校的校风不同。清华的校风非常明确，就在大礼堂草坪前的日晷上刻着，简洁有力的4个字——“行胜于言”。

至于北大的校风，我理解的是没有校风，因为我总能从北大的校园里感觉出一丝“一生放荡不羁爱自由”的味道来。

说到“行胜于言”，必须隆重推出我的“男神”——清华校长梅贻琦。

这4个字其实就源于他所说的：“为政不在多言，唯力行尔。”

梅校长是清朝庚子赔款首批留美生，自幼熟读国学经史，留美后又精研西方科学，可以说是学贯中西。

他的这句话，上半段取自清嘉庆时云贵总督赵慎畛的一副对联：

为政不在言多，须息息从省身克己而出。

当官务持大体，思事事皆民生国计所关。

翻译成大白话——当官不为民做主，不如回家卖红薯。

下半段则来自西谚：信心若没有行为就是死的。

以上语句提炼出的中心思想就是4个字——行胜于言。

梅贻琦从清华教员做起，由物理系教授升为清华校长，从此就做了一生的清华校长，其间更是奠定了清华的校格，迄今仍然是清华历史上任期最长且最负盛名的校长。可以说，他是在用一生践行这四字箴言。

梅贻琦的“行”有多厉害呢？

在梅贻琦出任清华校长之前，国家正风雨飘摇、学潮起宕，清华驱逐校长的运动此起彼伏。但他执掌清华之后，备受师生拥戴，从无人倒“梅”。

据著名经济学家陈岱孙回忆，1929年他到清华教书时，清华大学还籍籍无名，只录取了150名学生，报名的也不过400人。而梅贻琦任校长后，不到10年便让清华从一所默默无闻的预备役学校一跃成为中国最顶尖的大学，全校设有文、理、工、法、农5个学院26个系，在校师生2400人。

他严格遴选及延聘人才，唯才是举，使得当时的清华人才济济、名士云集，典型例子就是破格录用当时只有初中学历的华罗庚。

他主张“教授治校”，给教授充分的自主权，甚至在国内大学中首次推行安息年制度，意为教授工作一定年限后可以带薪对外访学一年，学校提供往返路费。

他重视体育，任命马约翰为教授。清华崇尚体育之风自梅校长始延续至今，每年都有“马约翰杯”运动会，操场上有“为祖国健康工作五十年”字样。

清华师生如此评价：提到梅贻琦就意味着清华。因此，在清华的学子看来，梅贻琦就是清华永远的校长。

与这些光辉履历相对的是他的惜字如金，时人称其为“寡言君子”。

由于开会时甚少下断言，被学生用打油诗来调侃：“大概或者也许是，不过我们不敢说。可是学校总认为，恐怕仿佛不见得。”

但少言不等于不言，梅贻琦虽然是物理系教授，但其国学功底之深厚，并不逊于科学造诣。

论到学术自由，他说：

> 余对政治无深研究，于共产主义亦无大认识。对于校局，则以为应追随蔡孑民先生兼容并包之态度，以克尽学术自由之使命。昔日之所谓新旧，今之所谓左右，其在学校应均予以自由探讨之机会。此昔日北大之所以为北大，而将来清华之为清华之根本。

意思是保持学术独立思想自由，与其介入政治，不如安静为学。

论到大学，他说：

> 所谓大学者，非谓有大楼之谓也，有大师之谓也。

意思是大学的核心并非建筑，而是教授。

论到师生，他说：

> 学校犹水也，师生犹鱼也，其行动犹游泳也。大鱼前导，小鱼尾随，是从游也。从游既久，其濡染观摩之效自不求而至，不为而成。

意思是教学靠老师言传身教，耳濡目染。

这个“寡言君子”的每次言论都堪称经典。更为重要的是，他不说则已，只要他说了，他所说的每一句话均在自己的校长生涯中完美践行。

陈寅恪说：“假使一个政府的法令，可以和梅先生说话那样谨严，那样少，那个政府就是最理想的。”

相比他办学的成就、教育思想的高度，梅校长的高洁品格更令人仰止。

清华校史编纂者黄延寿称：“诸君子名满天下，谤亦随之，独梅校长翕然称之、胥无异词，是民国少有的生前无闲言，死后无谤语的人。”

他一诺千金，赴美留学之时仍念念不忘借过三位同学的书籍未及归还，写信嘱托二弟梅贻瑞设法找到这些书籍代为归还。“盖兄所欠人，务欲偿还，不然则我以为无心，人疑其有意，苟得之事，兄不屑为。至于人或欠我，不必深追。”——完全是即便天下人负我，我也定不负人的君子之风。

他为人谦逊，从不以领袖自居，说自己是“我从众”“随大流”，“我这个校长就是帮教授搬凳子、倒茶水的”，由此便奠定了清华“兼容并包，通才教育，民主自由”的学术氛围。

他淡泊名利，长期独掌数10万美元的清华基金，大权在握，但自上任伊始就取消了所有校长津贴和特权，以至于梅夫人以卖糕点来补贴家用。校长辞世之时身无长物，只留下一个黑色老式皮包，里面装的全是清华基金账目，一笔笔清清爽爽，毫厘不差，在场者无不唏嘘。

一生清华，一世清白，所谓君子，概莫如是。

西山苍苍，东海茫茫，吾校庄严，巍然中央。

每个学生进入清华的第一课就是校史课，我当时得闻梅校长其人其事深为敬服。

在清华求学期间，清华俨然已经是一个非常现代化的校园了，无论是教室、实验室还是宿舍都远胜梅校长当年，可以说是大师大楼兼有的大学。但让我受益最多的仍然是园子里深入人心、脚踏实地的实干之风，就像学美术的时候，老师常常让我们“走起来”，意即快点画；体育课上，每学期的“跑起来”，女子必考1500米，男子必考3000米；而设计课的老师让我们多动手，先“做起来”……清华的教育可以说是彻底颠覆了我的思维方式，将书生意气彻底化为严谨求实的脚印，遇事先想自己能做什么，胜过该说什么。

就如最近网络上流传甚广的关于清华的两封信，甘肃患病贫苦考生请求带母上学，求陋室一间。清华招办回信：“人生实苦，但请你足够相信。”来信情真意切，回信文采斐然。

我最有感触的并不是清华的回信，而是清华大学招办主任刘震第一时间简短有力的承诺：“清华不会让任何一位优秀学生因为经济原因辍学。”

在此之前，已经有另一位自幼患上类风湿性关节炎致残的清华研究生矣晓沅，在母亲的陪伴下完成了4年本科学业，并且获得了特等奖学金。——说到才能做到，此即言必求实。

矣晓沅同学不仅学业优异，入学后更是在清华创立了“无障碍协会”①，推动清华校内无障碍设施的维护和更新，希望能通过他们的努力，让“像魏祥一样的学生考上清华时，不再有铺天盖地的媒体报道，只是寻常填志愿，普通地拿到录取通知书，轮椅开进清华园内，畅通无阻”。——做到才会说到，行在言前。

而清华更是由于特殊人群的入学，引发了全社会对于特殊人群的关注，学校在105年校庆之际成立了无障碍发展研究院，致力于依托清华的学术资源开展无障碍技术研究，推动社会无障碍事业的发展。老吾老以及人之老，不仅关注自己校园中的残疾人，更关注社会上所有的残疾人，此即以行证言。

而这一切，并不是始于魏祥发出的那封信，而是始于1931年梅贻琦开始执掌清华时。所以，魏祥根本不用发出这封信，从他报考清华大学的那一刻起，清华就一定会对他负责到底。因为魏祥写信之前，与他命运相似的学长早已为类似的学弟扫清了校园中许多的障碍。

清华并不仅仅关注魏祥，而是致力于以实际行动为千千万万个如魏祥一样努力、却可能无法来到清华的残疾人铺就一条无障碍的公平之路。

人生实苦，为什么能足够相信？

当然不是因为回信写得好，而是因清华行胜于言。

---

① 一个慈善性质的社团，有许多志愿者团体，如新起点无障爱志愿者使团。——编者

开挂的职场，为谁辛苦为谁甜

我17年学生生涯中最喜欢的老师之一就是教我高中语文的嵇不康。我至今还记得他在第一堂课开课时，在黑板上写下的自创鸡汤金句：“如果工作是快乐的，那么生活就是天堂！”

年少时并不理解，到而立之年才渐渐领悟：改不完的图纸，无休无止的加班，永远赶不上房价涨幅的薪酬，一地鸡毛的家务，嗷嗷待哺的孩子。作为有两个娃的女建筑师，朋友圈里疯转的文章类型都是“那个建筑师没来得及自杀就累死了”，工作怎么可能快乐？

记得在清华读本科时，我就常常问自己：为什么要学建筑？

报志愿时完全懵懂，怀着一颗少女心，憧憬梁思成、林徽因“人间四月天”史诗般的事业和恋情。入学后才发现，建筑并不是穷人家孩子的游戏——没有任何美术功底、“五线”小城的眼界，和大城市那些高中起便周游世界、自小学画、师从名家的学霸们相比，自然会有分分钟被碾压成渣的感觉。

心理折磨且不算，大设计交图前，熬夜是家常便饭。那会“专教”还规定午夜零时闭馆锁门，无奈保安哥哥如何劝阻也挡不住我们熬夜画图的热情。记得某次半夜熬完图，发现大门紧锁，只得从系馆后院翻墙回宿舍，猛回头发现在我身后，同翻墙的竟是系里某著名中年教授——顿觉心中一凉，仿佛看到了20年后仍旧蓬头垢面、暗无天日的自己。

回忆起来真惨，但当时心里就是有一种莫名其妙的建筑系学生的优越感。工科生的暑期在车间精工实习，我们在蓝天碧海、红瓦黄墙的青岛老城里画水彩画儿；理科生在做各种实验、宅数据，我们在五台山的大庙屋顶上做测绘；期末考试前，文理工科都在泡自习室，我们在建筑系“专教”吃着火锅唱着歌，求阴影透视、默画古建筑立面、渲染效果图、切模型……

所以，当我最后拿到印着“建筑学学士学位”的毕业证书时，不禁喟叹自己5年的大学生涯真是乏善可陈。学业巅峰仅仅是末等奖学金，但我从未后悔过学建筑，就仿佛上帝为我打开了一扇完全不同的看世界的窗户。现实与理想、科学与艺术、浪漫与实用，一个包罗万象又远超我驾驭能力的学科。

后来我也就逐渐理解了大半夜还在做方案、和学生一起翻墙的教授，功成名就衣食无忧——若非真爱设计，何至如此？

于是笃定，将卑微的我放在此地，上帝必有他的美意。

本科毕业工作，自觉成不了系里老师期待的建筑大师，又舍不得转行，就去了地产公司，成为当时稀有的甲方建筑师。

甲方也不好当，恰逢黄金十年变白银十年，方案被内部颠覆，被外部政策轮流枪毙；出不来图，各部门小鞭子齐齐招呼；现场永远解决不完的按图施工、不按图施工问题。同年毕业的经管同学在高档写字楼里穿着高跟鞋、拿着高薪、化着妆、喝着咖啡，做着精致白领；而我大着肚子、戴着安全帽，在工地灰头土脸地查材料样板，抱着方案本去各委、办、局汇报，拿着计算器在设计院核绿地、算日照、查指标。买车的第一年就开了4万多公里，真正的“不是在项目中，就是在去项目的路上”。

可是，看着自己设计的建筑在自己手里从概念草图、规划许可、施工蓝图到开工、开盘、出正负零、封顶、开业、交付，那感觉真的不亚于母亲看着自己的孩子从孕育到长成。记得有一次公司组织春游，爬昌平的蟒山，到达山顶的时候，领导突然指着城区那一大片住宅、学校、商业综合体对我说：“小万，快看，那是你的项目！”

我循声望过去，看到那一片鳞次栉比的楼房，鼻头一酸。回忆起刚毕业到这里时，曾骑着自行车绕行南环路，憧憬自己未来能给这片土地带来什么样的改变。5年后看到自己经手的建筑拔地而起，人们生活其间，职业认同感瞬间爆棚。这时代还有什么职业能像建筑师一样能在Google Earth的尺度上挥斥方遒、快速地改变城市的面貌、改变人们生活的环境?

我算不上是一名出类拔萃的建筑师，但是非常幸运能参与到快速的城市化进程中，用自己所学去改造自己所生活的城市，祝福城市中生活的人们，衣带渐宽而乐此不疲。

人间四月，草长莺飞。

上周开车去所负责项目的售楼处开会，将自己的车停在一众豪车之间，看着路边花团中飞舞的蜜蜂，便忆起一首诗："不论平地与山尖，无限风光尽被占。采得百花成蜜后，为谁辛苦为谁甜？"

城市中那些风光无限的建筑建成交付之时，通常都是设计者和建造者离场之日，那么建筑师究竟是为谁辛苦为谁甜?

不由得想起读书的时候系馆一层梁先生的雕像，想起在资料室查阅过的他那些一丝不苟的古建筑手稿，想起当年吸引自己报考建筑系的梁（思成）林（徽因）乘着牛车去乡间踏勘的"万古人间四月天"。

城市建设的影响往往在数10年之后才能凸显，方案的优劣自有后人评述，但当时的当事人呢？身处风暴漩涡中的梁先生，他是为谁？明知不可为而为之，明知不被认可还会被诘难，仍然奋力疾呼；明知保不住古城，却仍然不惜一切代价去守护。“苟利国家生死以，岂因祸福避趋之”。

对古建筑的研究，对城市规划超越历史局限的远见卓识——这是梁先生所做的工作，但这工作带给他的并非财富、名誉、地位，而是颠沛流离的踏勘之旅，是不被理解的学术立场，是备受责难的政治风暴。

那么他快乐吗？

看到过一张梁林在古建筑屋顶上拍摄的合影，才子佳人，风尘仆仆。

白衣翩然，巧笑倩兮。

求仁得仁，不亦快哉！

我真的相信他们在工作时都是特别快乐的，尽自己能尽之才，做自己愿做之事，成自己想成为之人。有意义的事业本身就是对工作者的最高奖赏，与所得的报酬无关，与所得的名誉无关，甚至与最终的工作成就无关。

如今我辈虽稚嫩，却仍旧在建筑他们所深爱的城市，耕耘他们所深爱的土地。虽然仍有改不完的图纸，无休无止的加班，永远赶不上房价涨幅的薪酬、一地鸡毛的家务、嗷嗷待哺的孩子，但仍会效法他们那样去热爱。

后来也渐渐理解了当时在湖北重点高中巨大的升学重压下仍然举重若轻，整天乐呵着带我们读诗、打球、写作的语文老师："如果工作是快乐的，那么生活就是天堂！"——若非真爱，工作怎么可能快乐？

去年，听了一个创业论坛的讲座，感慨曾经叱咤在清华建筑系的同学已经多半不从事建筑行业，大都已经转行。做木匠的、做衣服的、画漫画的、搞游戏的、搞教育的，在设计这个大平台上，大家都纷纷跨界找到了更适合自己的打开方式，也同样以各种方式丰富着建筑以外的城市生活。

我开了个人公众号后，首发文章《房子不是最重要的，爱才是》阅读量100w+因缘际会爆红，好多朋友劝我尽快改行、莫负韶华，趁机脱离夕阳西下的传统建筑行业，拥抱炙手可热的新媒体。

舍不得啊！虽然爱写作，但建筑同样是我割舍不下的深情。

而且，如果我能继续做一个快乐工作的建筑师，我也能得以更自由地随自己的本心写作。就像我所羡慕的保罗，以织造帐篷维生，却以传道授业解惑为使命。

写作难免遭到诋毁、争议、曲解、误读，但只要我还是一名独立的建筑师，我就知道我不用违背本心去写任何自己轻看的文字，不必取悦任何人，不必曲意逢迎任何一种社会潮流。

做自己所热爱的事业，写自己所热爱的生活，世事喧嚣洪水泛滥之时，仍保持信念、心存盼望，无悔地追求，不惜一切地爱——这就是我所倾慕的如同在天堂的人生！就如我特别敬重的诺贝尔和平奖得主特蕾莎嬷嬷所活出的诗意人生：

无论如何

Mather Teresa

（小万工译）

人们总是逻辑混乱，蛮不讲理，自我中心的，

无论如何，仍要去爱。

People are illogical, unreasonable, and self-centered.

Love them anyway.

你若友善，他们会说你必然是出于不可告人的私心，

无论如何，仍要友善。

If you are kind, people may accuse you of selfish, ulterior motives;

Be kind anyway.

你若成功，得到的常常是虚假的朋友和真正的敌人，

无论如何，仍要成功。

If you are successful, you will win false friends and true enemies.

Succeed anyway.

你若寻见平安和喜乐，他们也许会嫉妒，

无论如何，仍要喜乐。

If you find serenity and happiness, they may be jealous;

Be happy anyway.

你今日所行的善，也许明天就被忘却，

无论如何，仍要行善。

The good you do today will be forgotten tomorrow.

Do good anyway.

赤诚待人让你无以自保，

无论如何，仍要赤诚。

Honesty and frankness make you vulnerable.

Be honest and frank anyway.

心怀天下的大丈夫或小女子，也许都会被小人之心击败，

无论如何，仍要心怀天下。

The biggest men and women with the biggest ideas can be shot down by the smallest men and women with the smallest minds.

Think big anyway.

世人常同情弱者却追随强者，

无论如何，仍要为少数的弱者征战。

People favor underdogs but follow only Topdogs.

Fight for a few underdogs anyway.

你毕生建设的事业也许一夕毁损，

无论如何，仍要建设。

What you spend years building may be destroyed overnight.

Build anyway.

人们确实需要扶持，但被扶持时也许会反咬你一口，

无论如何，仍去扶持。

People really need help but may attack you if you do help them.

Help people anyway.

把你生命中最好的献给这世界，也许反受诘难，

无论如何，仍要摆上你的全部美好。

Give the world the best you have and you will get kicked in the teeth.

Give the world the best you have anyway.

你看，说到底，这是你与上帝之间的事，

从来无关他人。

You see, in the final analysis,it is between you and God;

It is never between you and them anyway.

你的坚持，终将美好

2017年是我在万科的第九年，只差一个月，总办就会给我发一封入司9周年的庆祝邮件。但是，作为一名万科的基层老员工，公司的很多消息我都是从公开的媒体渠道获得的，比如董事长王石的卸任，我就是从《人民日报》的公众号里读到的。

感谢《人民日报》，不然，如我这般的小喽啰根本见不到董事长的朋友圈。

事实上这位传奇董事长的真身，我也只隔着人群见过寥寥数面，回想起来和他说过的唯一一句话，可能就是入职培训时跟风说的那句：“帮我签个名吧。”

但是由王石创立的万科，却是我大学毕业后服务过的第一家公司，也是迄今为止我唯一服务过的公司，确确实实给我的职业生涯留下了难以磨灭的烙印。

所以，此时说出这声“再见”对我来说并不容易，往事历历在目，让我很想从一个普通员工的角度记录一下这位不一样的企业家是如何影响我的职业观的。

9年前我找工作的时候，并不熟悉万科这家公司，清华建筑系毕业的学生流行去设计院做大师，去地产行业的很少。

第一次看到万科的招聘广告，是在清华紫荆园食堂的门口，热热闹闹的校招季，各个公司花团锦簇的校招广告中，“为理想，去实现”几个字再配上一个“NO STOP”的路牌，显得特别突兀。

这真的不像是一家房地产公司的招聘宣传，反而像是一个理想主义者对于现实世界鸡血满满的宣战。回想起来，我当时就是被这句莫名其妙的标语吸引，才投递了一份简历。

当时我手头其实已经有不错的offer了，犹豫要不要去万科面试的时候，咨询了一位我很尊敬的长辈，他说：“是王石那个万科吧？那个企业很好，他不行贿，值得去。”

这是我第一次听到王石的名字，也是第一次知道有一个中国地产企业的标签竟然是“不行贿”。

真是有点讽刺，却让我忍不住想去了解这家企业。

越了解就越想加入——行业的NO.1，地产界的“黄埔军校”、最佳雇主、最受尊敬企业、阳光照亮的体制，这些都符合我对于第一份工作的期待，但最打动我的，还是最早接触到的“不行贿”这三个字。

作为一名建筑师，我的座右铭一直是这样一句话：“你们显在这世代中，好像明光照耀。”——我期待自己由学校进入职场后能在专业上追求卓越，但我也知道，其实更难的是如何在踏入社会这个大染缸之后仍然保持自身的清洁。

就像王石本人所说：“我认为在中国的转型当中，我很自豪，就是把不行贿作为我的一个标签。当然我觉得这有点悲哀。……在中国，它一度似乎成为一个潜规则，好像你不行贿的话，你就无法做生意，尤其是作为一名房地产商。”

通过艰苦卓绝的多轮面试，我成功加入了这个“不行贿”的地产公司，成为校招第九届万科新动力。

可是第二年5月，还没等我毕业正式入职，这个行业口碑最佳的企业就被卷到了舆论的风口浪尖——“5.12汶川大地震”爆发，董事长王石因为万科普通员工的捐款以10元为限，“慈善不应成为负担”，使得万科陷入“捐款门”舆论中心。

这下，我原来那些并不太知道王石其人的亲戚都认识了这个老头，都来问我妈：“听说你女儿清华毕业，就是去了那个只捐10元钱的万科？”

我不胜其扰，但也没去做过多回应。

因为当时我就在汶川附近受灾严重的绵竹九龙镇。如我在另一篇文章中所记载的那样，由于提前完成了毕业论文和答辩，我在地震爆发后不久便申请了一个NGO组织的灾后儿童救助项目，以此作为自己的毕业旅行。

那是令我毕生难忘的一次志愿活动。原本繁荣富庶的天府之国满目疮痍，我们在临时帐篷学校里开始了震后夏令营，帮助家长们看护因为地震被毁掉学校而无处可去的孩子们——这些孩子在那么小的年龄却承受了成人都难以接受的生离死别。这震撼将永远提醒我。

在日复一日的忙碌以及反复的余震中，我们和这些孩子以及家长都建立了良好的关系，当地居民得知我毕业后会入职万科的时候，出乎意料地兴奋，他们说万科正在隔壁镇子里搞重建呢，要是也能来我们这里就好了，还补了一句：“这家公司和你们一样，都是真干活的人。”

我这才知道当时万科已经开启了援建遵道的计划，而遵道就在九龙的旁边。

“坐而议，不如起而行”。

舆论总是喧嚣，但公道自在人心。

正式入职之后，我才知道10元钱的说法其实来源于万科共济会，每人每年交10元钱，在个人家庭遭遇变故的时候就能获得共济会的援助，有点像一个企业内部的小保险。

所以，在万科从来没有所谓企业内捐款和献爱心的活动，职业化的态度体现在这个公司的方方面面，能用制度解决的事情，就不用人情。

就像王石本人所说："作为现代企业，我觉得更应该靠制度、靠团队，而不是靠人。这就是为什么我会在48岁的时候辞去总经理职务的原因。"

正值壮年却放下自己一手创建的如日中天的公司，确实需要胸怀天下的胆略和格局。

在九龙期间我一直想去临近的遵道看看，可是直到离开那天都没能成行。从四川回来后的第二天，我就结束了自己的毕业典礼，毕业典礼的第二天我就去万科报了到。

然后在接下来的新动力培训当中，我第一次见到真人版的王石。

万科新动力培训的传统项目就是和王石一起登山，半夜4点集合。那次我们爬的是深圳市区的一座小山，所以我除了MP3什么都没带，两手空空。

当我看到这个当时已经五十几岁的精瘦男人背了一个鼓鼓

囊囊的巨大登山包从队伍最末走到最前的时候，非常不解——需要背这么大的包吗？

旁人告诉我："负重登山是他的习惯，每一次登山对他来说都是一次训练。"

一路上，我们这些二十出头血气方刚的年轻人把登山当作踏青，时快时慢地越过自己的董事长。但王石特别沉默，一直保持着自己恒定的速度，偶尔也会微笑着回答几个凑上去提问的同事，步伐却始终没有乱过。

直到我们回到山下的小溪边合影的时候，我这才真切地感受到这两种登山方式的区别——负重登山的王石依然精神奕奕，而蹦蹦跳跳的我们已经叫苦不迭。

后来我才知道，他在2003年也就是我高中毕业的那一年，已经登上过珠穆朗玛峰。

后来在我的职业生涯当中，每逢压力大的时候，我都会想起他低着头谦卑地负重前行的画面，心里暗暗告诉自己不要在意一时的得失，只要持续攀登。

直到前段时间，我看到《万科周刊》上的刊载，由万科援建的遵道学校第一批毕业生中已经有成为万科员工的了，不由得感慨9年真的是弹指一挥间。

王石之前卸任总经理的时候说他给万科留下了四样东西，一个阳光、规范、透明的现代企业制度，培养了一个团队，选择了一个行业，树立了一个品牌。

从我22岁加入当时23岁的万科开始，转眼9年过去，我与万科都已过而立之年。

9年之间，我在万科集团供职过三家公司，每一次交接都很顺利，因为万科的制度鼓励人才在集团、区域、城市的公司间自由流动，就像王石所说的："人才是理性的河流。"

9年之间，我成为王石所留下的团队的万分之一。这家已是世界500强的大型公司，不仅给员工以专业追求卓越的晋升空间，更难得的是特别注重保持员工职业生涯上的清洁。

9年之间，我因为选择万科而进入"为普通人盖好房子"的行业，得以不忘"建筑师的责任，是在人间建造天堂"的初心。

9年之间，在我的影响之下，我的亲友都成了万科的忠实粉丝，而我自己也从来没有买过其他品牌的楼盘，一直在用万科发的工资还万科的房贷。

我依然记得那句话："卓越职业生涯，从万科开始。"

我依然记得那句："为理想，去实现。"

我依然记得那句："永怀理想与激情"。

我想这些都得益于这位已经66岁却仍然身体力行、坚持在理想道路上攀登的男人。

人无完人，誉满天下者，必定谤满天下。

但即便传奇谢幕，仍是传奇。

像莎士比亚一样清扫街道

朋友圈读者留言说：“羡慕你学的是喜欢的专业，还有自己热爱的工作。我自己就没那么幸运，跟风选个专业，毕业后进了稳定行业，并不太喜欢，有点不甘心过这样一眼望到头的生活，但工作轻松而且待遇也还不错，没勇气改变，怎么办？”

我看了之后就想叹气，工作轻松待遇优厚——多好的人生基调啊，相形之下，我家李理老师简直就是生命在于折腾的反面案例。

大一和丈夫李理恋爱的时候，他正在北大念国际关系学院。

李理同学高考发挥平平，擦着北大的分数线被幸运地调剂到国际关系学院。该学院被称为四大“养老院系”之首，养老院自然是调侃，意即课程相对轻松，毕业容易，出路不错。

事实上，他的大一生活同我这个建筑“狗”相比，确实闲庭信步，期末还能过来帮我做做模型。我也幻想过以后自己是不是能和外交官一起周游世界，这厮却跟我说——他想转系。

我这目光短浅的小女子自然不解：“课程轻松、出路好，难道不是最理想的专业吗？”

他说：“国关虽好，就是爱不起来，还是想学物理——探索万物之理。就像北大姑娘虽多，但我偏偏喜欢清华的你。”

当时还不谙人间疾苦的我一听，立即折服！

学满一年国际政治后，李理同学期末通过北大物理“变态”的转系考试，真的从国关转到了物理。录取放榜那天，他比当年考上北大还兴奋，骑着自行车飞速杀到清华来，向我汇报他降了一级去物理系重读大一，以及将和我同年毕业的“大好消息”（建筑本科学制五年）。

风闻，在北大从国际关系学院转到物理系的，他是唯一一个。前无古人，不知能不能后无来者。

李理同学到底有多喜欢物理呢？

我初三刚跟他坐同桌时，真是学霸相见分外眼红，他给我的见面礼就是一道物理题，说：“你算一下。”结果我整个晚自习都没做出来，他“嘚瑟”地一分钟写出过程。我气晕：“敢情你不是不会跑来问我，是示威啊？”他摸着头不好意思地说：“就是觉得太妙，忍不住想找人分享。”

大学我们恋爱，回乡的火车上，我看韩剧笑得花枝乱颤，一转头见他也抱着手机看得如痴如醉，抢过来，赫然发现是费曼物理学讲义，全英文版——我顿觉自己生平未遇情敌，除了费曼！

按小说家套路，转到自己喜欢的专业，李理同学总该如鱼得水、勇攀科学高峰、问鼎诺贝尔奖了吧？

可他偏不，“八年抗战”（5年本科+3年硕士）胜利后，却决定去高中当一名物理老师。

北大物理系毕业在我的概念里难道不应该去两弹一星研究院报效祖国吗？再不济也要出国念个博士去华尔街挣钱搅乱美国啊！您当中学老师闹的是哪出？

李理同学说：“想了很久，始终觉得教育是自己最想做的事，尤其是基础教育，能真正影响人的生命。”

一谈理想我就输。他毕业时我们的孩儿已经半岁，我心怀怨念地想：“当老师也行，孩子你带总可以了吧？”

现实是：他又带高三又当班主任还要看早晚自习，国家给人民教师涨了十几次工资，他收入都没赶上我的一半；至于带

孩子……唉，好多次我加完班心急火燎地去学校接孩子，却看到女儿孤零零地被留在教师办公室看电影。

李理老师到底有多么喜欢当老师呢？

基本上只要第二天有课，他前一天就会加班准备物理实验，淘宝购物车里都是各种DIY实验用具；假期头疼脑热等我伺候，开学一上讲台就满血复活；寒暑假每天在家倒腾课程上传网络，无偿分享给学生；吃个陶瓷火锅都忍不住给学生群发小视频，求猜物理原理……

作为一名迷妹，我跟他去过好几次学校，远远看到他跟学生聊天的时候，总觉得李理老师整个人都在发光。

最让我佩服的是他常常早晨四五点钟偷摸爬起来备课，一生爱好是睡眠的我自然满腹牢骚："有什么美事，能让人战胜身体的懒惰，背着老婆在凌晨4点爬起来做？"

后来，当我自己清晨四五点钟爬起来写公众号的时候，才莞尔："原来真有如此美事！"

文字在键盘的敲击中静静流淌，我能感觉到自己身体的反应，仿佛天地都静默，只有一种异乎寻常的冲动在心中激荡，让人脸红心跳兴奋不已。

在那一瞬间，我突然理解了李理老师总是用来逗我的话：

“物理就像性爱：它会给我们一些实际的成果，但这并不是我们做它的原因。”（Physics is like sex : sure,it may give some practical results, but that’s not why we do it.——Feynman）

那一瞬间，我好嫉妒李理老师，原来他瞒着我做了这么久。

天赋就如同上帝在我们身体里埋下的某种神奇密码，一旦被正确地打开，我们就完全无法抵御其致命吸引。

我在建筑方面并没有什么过人天赋，却以此为职业。但即便是我从顶尖大学毕业，任职于顶尖地产公司做到顶尖员工的时候，也从未体验过这种肆意发挥天赋的快感。

所以，每次打开微信公众平台的时候，我都会感到无比欣喜，仿佛用另一种全新的打开方式看到了地球上那个熟悉的小人，那个来自上帝的礼物。

英语口语中将天赋叫作“Gift”，意为上帝的礼物；将职业叫作“Calling”，意为上帝的呼召。

大多数人如我一般，并不像李理老师那般笃定，以自己的天赋为专业，以内心的呼召为职业。

但当世，若得衣食无忧——不正好追寻自己所爱吗？

我见过年近不惑的领导辞去千万年薪的高管职位去做共享

办公；也见过地产公司的同行放弃百万年薪去做艺术教育；还见过我的同学耶鲁建筑系毕业归国后开了游戏公司，做自己本科时就喜欢的游戏“影之刃”；就连我在“五线”小城某精神病院中做化验师、月薪1000出头的表弟，都因为酷爱骑行而周游了全国，业余和朋友一起开了一个小小的捷安特自行车专卖店……

薪资有高低，工作却没有贵贱；天赋有多寡，梦想却没有大小。

李理老师的签名档一直是那句:“天下一生当行何事为美？”

我问他可有答案，他给我发了一首马丁路德·金常引用的无名诗歌：

扫街者

（小万工 译）

If a man is called to be a street sweeper,

假如命定某人清扫街道，他当如此清扫：

he should sweep streets even as Michelangelo painted,

似米开朗基罗在画画；

or Beethoven composed music,

又如贝多芬在作曲；

or Shakespeare wrote poetry.

仿佛莎士比亚在写诗。

He should sweep streets so well that all the hosts of heaven and earth will pause to say,

他清扫得如此美好，以至天地之主都来称道：

here lived a great street sweeper who do his job well。

这里有一位高贵的扫街者，他的工作何其美好。

读过了然，想到自己虽热爱写作，却一直担心自身积累浅薄而羞于动笔，但自从在个人公众号写下第一篇文章之后，就仿佛听到那美好的呼召——

这是我命定的街道，我愿竭力清扫。

Part

愿所有的美好如期而至

以最美好的姿态，与你相遇

14年前的6月，对我来说有特别的意义，那年我和李理高考。

由于天气炎热，那年高考第一次由7月提前到6月；加上是“非典”特殊时期，进入考场前都要先测量体温。然后又因为出现泄题事件，那年数学考试卷启用了奥数竞赛难度级别的备用卷。据说2003高考数学的全国卷至今仍然是史上最难的一次，没有之一。那年湖北全省的数学平均分在40分左右，而清华在湖北省的录取分数线由于数学成绩的全面溃败，由2002年的662分直降到2003年的620分。

我所在的班级是市重点中学的理科实验班，我到现在都还记得数学考试结束的铃声响起时，我由于倒数第二道大题都没有做便匆忙交卷时的惶恐心情，以及考完数学后，全班女生从考场出来，在操场上互相拥抱着哭成一片的惨烈情景。

那情景，就好像考完数学，高考就已经提前结束了。

可是，那当然不是结局。

我们班当年高考发挥得最差的女生是我的同桌以琳。我记得考完数学，我陪着她坐在操场上哭了两个多小时。数学考试多少影响了她第二天考英语时的发挥——以琳本来是我们年级英语最好的人，几乎次次考试都是英语单科第一。

最后她仅仅上了中南财大——当年我们班一共60人，20个去了清华、北大、复旦、交大、中科大、天大、南开等国内Top级的高校，30多人去了武汉大学和华中科技大学这两个湖北本地Top2级的大学，只有极少数去了其他高校。

以琳高中成绩与我相当，甚至比我更努力，她一直都很想去上海，最终却败给了一次偶发的数学“泄题”事件。当时的我觉得非常可惜，甚至怀疑上帝到底是不是公平。

4年之后，以琳考取了上海同济大学的研究生。后来，她和本科的同班同学结婚，婚后两人定居上海。

参加她婚礼的时候，看到她一脸花痴地介绍自己和丈夫两人10年爱情长跑、辗转四地终成正果的故事，很为她高兴。

好像上帝特意让她的人生在高考那儿多拐了一个弯，仅仅是为了让她在最好的年华遇到她所爱的人。

所以你看，即便高考真的结束了，人生也才刚刚开始。

2

以琳婚礼时笑着跟我说："最初的就是最好的，看到你们俩那么好，我们俩才能坚持。"她说的"你们俩"就是指我和李理。

我俩12岁同学，18岁恋爱，24岁成为同班同学中最早结婚的一对。

14岁是女孩儿情窦初开的时节。我恰好和李理同桌，就开始懵懂地喜爱这个坐在我右边、在自习课上递小纸条教我做物理题的男孩儿。

现代人的教育周期越来越长，结婚的年龄越来越晚，古人可以"十四为君妇，羞颜尚不开"，而我的14岁还在读初三。从14岁的喜欢到24岁的婚姻，我们也和以琳与她丈夫一样，一起陪伴着度过了10年的光阴。

可是我仍然庆幸自己生在当今时代——女子能和男子共同入学，共同高考，共同进入职场。如果再早出生半个世纪，我可能连自由选择自己所爱的人的资格都没有。但是现在，我不仅可以选择，更可以追寻。

我们并没有在中学期间恋爱，因为我知道——最初的并不一定是最好的，未来能与你共同步入婚姻的那个才是。

高中3年，我们仅仅在高考前夕互相传递过一次纸条——

我帮他润色全校高考动员大会上的学生代表发言稿，他回了我一句："清华园见。"

"清华园见。"为了在最美的时间遇见你，我要预备成为最好的自己。

我如果爱你——
绝不像攀援的凌霄花，
借你的高枝炫耀自己；
我如果爱你——
绝不学痴情的鸟儿，
为绿荫重复单调的歌曲；
也不止像泉源，
长年送来清凉的慰藉；
也不止像险峰，
增加你的高度，衬托你的威仪。
甚至日光，
甚至春雨。
不，这些都还不够！
我必须是你近旁的一株木棉，

作为树的形象和你站在一起。

……

爱——

不仅爱你伟岸的身躯，

也爱你坚持的位置，

足下的土地。

高中时代对我爱情观影响最大的就是舒婷的这首《致橡树》，她向我描述了我理想的爱情——不同于童话故事中灰姑娘被王子眷顾的奇幻爱情，而是现实的、平等的、彼此独立又终身相依的爱情。

对于17岁的少女而言，我能想到最浪漫的事，就是和你一起参加高考。

我能考上你想考上的学校，我能从事自己所爱的职业，我能去到你想去到的任何城市，我能以树的形象和你站在一起，与你分担寒潮、风雷、霹雳，与你共享雾霭、虹霓。

2003年，虽然我的数学成绩很烂，却仍然以高出录取分数线近30分的成绩考入自己梦想的清华建筑系，而在此之前，高二第一次文理分科完的期中考试，我还是全班倒数第一。

高考几乎是我高中生涯所有考试中考得最好的一次，但是即使是考得再差的时候，我也没有放弃过自己的理想。每逢懈怠时，我都会想起《列子》中的这段话：

“子贡倦于学，告仲尼曰，愿有所息。仲尼曰，生无所息。”

无所息，天道酬勤。

书山有路勤为径，不负韶华不负卿。

不争气的李理，没有如约去清华，而是去了隔壁的北大。

后来我很庆幸他去了北大。虽然李理更适合“行胜于言”的清华，但我却很爱北大的“自由之精神，独立之思想”。而且，我们仍然在一起。

我也不知道浪漫的北大是怎么将他这个木讷的理工男点石成金的。恋爱时，他给我写了几十封信，以至于室友说：“不就在对面北大吗？骑个车就到了，还写信。”不仅如此，他还会在生日时给我写情诗，用的是数学作业纸；不知从哪里学来的抱着吉他追女生，在燕园的破宿舍里，用蹩脚的耳机录了一张只属于我一个人的鬼哭狼嚎的专辑……

可是这远远不是校园恋情里最为浪漫的部分。在我眼里最浪漫的事，是我们在清华园里一起上自习，我画我的建筑图，他算他的物理题；在未名湖边面红耳赤地讨论爱因斯坦的相对论、哲学和宗教、生命的意义。我后来发现我之所以会爱上李理，并不是因为他会做物理题，而是因为他探寻宇宙终极真理的诚挚灵魂。

我一直觉得名校带给我们最大的财富，并不是学历、知识或名誉，而是信仰——“因真理，得自由，以服侍”的信仰。正是这使人自由的信仰，让我们在毕业的时候笃定地选择了自己心中最有价值的事业，让我们即使在一无所有的时候也能毫无惧怕地面前结合，让那个教我做物理题的同桌男孩，10年后成为许诺我“聘你永远归我为妻，永以慈爱诚实待你”的成熟男子。

我听过很多关于爱情的甜蜜言语，但都不及婚礼上他执我之手所说的：“爱不是一时的激情，而是一生舍己的决定。”

“多少人曾爱慕你青春欢畅的时辰，爱慕你的美丽，假意或真心，只有一个人爱你朝圣者的灵魂，爱你衰老的脸上痛苦的皱纹。”

我爱李理老师，但我更爱他所认识的真理。

李理北大硕士毕业之后选择到一所普通公立高中当物理老师，晚上和我视频时一脸疲惫，跟我说他已经尽力，就是不知道这些孩子们有没有尽力。

2017年，李理老师又要经历一次高考，与他的孩子们一起。

我并不熟悉“00后”的北京小孩，虽然被他们称为师娘，但他们所思所想和我们这些已经老掉牙的“80后”差别真的很大。

可我觉得总有一些东西是不会随着年代更迭而消失的，比如罗素所说的“对爱情的渴望，对知识的追求，对人类苦难不可遏制的怜悯”。所以孩子们，我愿为你们祝福，祝福你们青春无悔，像当年的小万工一样——高考是自己高中时代考得最好的一次，并且有情人终成眷属。

万一没考好，我也愿你们看到这远远不是结局，就像我的同桌以琳——只要还有梦想，就有实现的路径。

而比高考更为重要的是18岁之后的人生还很长，不论高考结束进入哪所大学，都可以在努力追求知识、爱情或欢乐之余，探寻宇宙和生命的意义。

毕竟能使我们在漫长的未来人生真正得以自由的，不是学历、财富、知识和爱情，而是真理。

你是我愿意共同哭泣的眼睛

5月16日是我和李理老师的结婚纪念日。8年前，我立下誓言：

> 我愿嫁他为妻，无论是疾病或健康、贫穷或富裕、美貌或失色、顺利或失意，我都要爱他、安慰他、尊敬他、帮助他，直至死亡将我们分开。

回想自己的婚姻，真是感恩——爱情甜美，生活优裕，凡事顺遂，以至于当我想起这段誓言的时候，总觉得有些心虚。

我能在正当最好年龄的时候爱上他，在他一无所有的时候嫁给他，在他选择自己所爱的工作的时候支持他，真好！

可是如果真的面临疾病、贫穷、负债，我还能爱他、安慰他、尊敬他、帮助他，与他共同承担吗？

我并不知道，但想到这些的时候却没有那么惧怕，因为身边就有一位这样的好姐妹，她曾真实地经历这一切重担，却仍满有盼望。

和李理同学刚开始恋爱时，我们每周的例行约会就是一起去参加北大的读书会，学习各种经典。同在读书会的小倩，就是我心目中理想的女孩的样子——齐耳短发，笑容干净，端庄美丽。那时的她，正在北京大学法学院读大四。

她总在分享中提到另一个男生的名字，沛。虽然我并没有见过沛，却能感受到她那种浓浓的爱意——提到沛的时候，她痴迷的眼神就跟我看李理同学时一模一样。

李理同学跟我说，沛比小倩大一届，他们是“非典”时在北大静园的草坪上相识的。去年沛从北大光华管理学院毕业后，受聘去上海做了一家书店的店长。

当时小倩正在筹划毕业出路，也拿到了厦门大学法学院的推研名额，最终却放弃，决定去上海的台资制造公司做法务。之所以选择这个公司，是因为沛开的书店就在这个企业园区里。虽是大企业，不给落户口，待遇也一般。我有些替她惋惜：“世界上真有这样的人，值得你放弃一切去追随吗？”

大五那年，我也面临毕业。由于羡慕大上海的繁华，就去

了那里最好的设计院实习。对比之下，感觉南方整体的设计环境比北方要好，有更自由、更新鲜的空气。但李理同学当时已经决定继续留在北大读研，如果我留在上海，预计会异地恋至少3年时间。

纠结当中，我想到了当年为了爱情奔到上海的小倩，不知道她有没有后悔。

我们约在她丈夫开的那家书店见面。

和我想象中北大光华管理学院毕业生开的书店落差颇大，窄小的门脸，里面满满当当的三排货架，都是各种书籍。我随手拿起了高中时很爱的《香草山》。

> 在这片已经不再蔚蓝、不再纯洁的天空下，如果还有一双眼睛与我一同哭泣，那么生活就值得我为之受苦吧。
>
> ——《香草山》宁萱

看到小倩，我就觉得她还是当年的模样——齐耳短发，笑容干净，只是愈加端庄，多了一种已婚女子宜室宜家的恬静美丽。她温柔地招呼我，给我介绍在门口卸货的丈夫——一个瘦瘦高高、戴着眼镜的斯文男生，扛着一大箱子书正往店里送。

我笑了："店长这么辛苦啊！"他挠着头解释，书店很小，一共只有三个人，店长其实兼职财务、小工，最近刚上线网店，所以还得设计网页，当店小二。他说这些的时候，微笑着回头望了望店面招牌“荣耀书房”4个字，那欢喜的神情，就像父亲看到自己的孩子一样。

他们租住在企业园区里的一间小房子里，房子虽小却收拾得干净妥帖。中午在他家吃饭，席间聊起他们这一年的生活。小倩来上海没多久，他们就在园区漂亮的小教堂里成婚了。我注意到摆在客厅中的婚纱照，是简单到不能更简单的那种，新娘穿着婚纱坐在草坪上，旁边站着她的良人。两人都是素颜，没有P过图，看起来就像是路人照的，笑容却幸福得动人。

只是从甜美的爱情到幸福的婚姻，并不像童话中那般顺利。

小倩是内蒙古人，沛是福建人，南北婚礼的习俗差异巨大，内蒙古风俗要收聘礼，福建则要收比聘礼更加丰厚的嫁妆。他们俩夹在父母当中闹得颇不愉快，甚至一度无法继续筹办婚礼。闽南注重排场的婚嫁习俗，也和他们连婚宴都没有西式婚礼有霄壤之别，以至于婚礼进行中，沛的父亲一度离席。

说起这些时小倩特别平静，好像是在说别人的故事。沛轻轻揽住小倩的肩膀，两人相视一笑：“还好，我们俩过得很幸福。”

我多少能看到他们的幸福：沛做着自己一直想做的工作，将那些带着永恒价值的书籍分发到全国各地；而小倩就在自己所爱的人身边工作，准备司法考试——虽然在这个陌生大都市里好像一时半会儿买不起房子，但这和两人相爱比起来，又算得了什么呢?

最后我并没有问小倩到底后不后悔来上海，因为从她家出来的时候，我心中已经有了答案：两个人在一起总是要有一方做出妥协的；但若是真爱，就都值得。

那个周日，我在上海人民广场旁红着脸给李理同学发短信："实习结束我回北京找工作，你毕业了得娶我。"

那时的我不知道未来的道路通向何方，但一点儿都不觉得害怕。回过头看到建筑正面的几个大字："真理使尔自由"，我就愈加坚定了我的选择。

一年后，我留在北京工作，我们也如约成婚了——并没有预料中的顺利。他的父母觉得他还没有研究生毕业，担心影响他的学业；我的父母也疑虑他尚未工作，物质没保障，会不会委屈自家姑娘。起初不被父母接纳的时候也很难过，但对比小倩和沛当时遇到的艰难景况，就相信这些都会过去的。

在豆瓣上找了一个发烧友拍婚纱，租了万柳的一间房子做婚房，在教会亲朋的祝福下举办了简单的婚礼，最终也得到了双方父母的祝福。

而当我们婚礼结束、开启二人世界的新生活时，想到以后一辈子都能和自己爱的人在一起，铺着床扫着地，笑容就忍不住荡漾出来。

我觉得就应该在两个人最爱的时候结婚。和爱情比起来，房子车子算什么！

再次见到小倩已经是两年后了。

沛回到了北京。在互联网的大潮影响下，他决心从线下转到线上，告别“荣耀书房”，去了后来颇有影响力的“报佳音”。小倩也调到了北京的分公司。几个月后，当我和丈夫辗转两个多小时的车程坐公交车去探望他们时，他们的大儿子已经满月了。

小倩明显胖了，笑容里满满洋溢着初为人母的喜悦。他们家租住在大兴的一个回迁房小区里，陈设简陋，因为有了孩子，一室一厅被各种东西塞得满满当当。

小倩边哼着歌边麻利地给孩子洗完澡，又为我们准备了一大桌丰盛的饭菜。交谈中我们得知沛工作的地方离这里很远，他每天骑电动车去上班，单程要一个多小时；而小倩虽然已经通过司法考试，却准备休完产假就辞职，在家自己教养孩子。

我真佩服小倩的勇气，毕竟网络书店大都是半亏损状态，沛虽然是经理，收入却并不高。

可是沛显然非常喜欢他的新工作，兴奋地跟我们介绍他们是如何筛选有价值的书籍，然后通过网络提供给全国各地有需要的人。他挠着头说，以前读大学时遇到的好书，都是自己一本一本复印了，通过邮局寄给朋友，没想到现在可以带领一个团队一起搜罗好书，通过新的平台推广给更多有需要的人。而旁边的小倩则一脸崇敬地望着自己的丈夫，笑着打趣说："得了得了，我先生可是全国知名的书籍工作者。"

他们的儿子皮肤黑黑的，并不像电视里那种白白胖胖的娃娃那么可爱，但名字很有意思：仰恩。仰望恩典。

离开他们家回去的路上，李理同学感慨沛的理想主义，佩服他能顶住家人压力，选择很辛苦、薪酬低但却是真正有价值的工作。我却在心里默默想着，原来，像小倩那样租房怀孕生子也可以很幸福呢——我当时在地产公司工作，看着飞涨的房价其实特别有压力，总觉得好像必须有房子再生娃才安心。

一年多以后，我俩也在出租屋里幸福满满地迎来了自己的第一个女儿，而李理同学也如沛一样，北大物理系硕士毕业后，选择了自己认为最有意义的工作——成为一名高中老师。他当时还有些担心高中老师薪酬低，会不会亏欠我。我就说我也有收入啊，人生这么长，为什么不选自己所爱的工作呢？

婚姻既是约束和责任，却也因着彼此间的互相扶持，令两个人生活中的选择更加自由。

我们的大女儿出生后，小倩他们一家搬回了中关村——大学时带着沛读书的一位老师出国做访问学者，将她在北大的教师公寓暂借给沛一家居住。

这时小倩有了第二个儿子，就继续选择在家。我和小倩的关系也越来越亲密，后来简直无话不谈——从原生家庭的重担，到夫妻间的不虞之隙，再到育儿的困惑。

了解得越多，我就越佩服小倩。因为在我看来，沛虽然正直，但在家庭生活中有些时候确实不近情理。

沛有两个姐姐，他是家里唯一的男孩，所以每年春节他们都必须回闽南过年。作为独生女的我觉得简直难以想象，但小倩特别顺服，平时有空就带孩子回自己家探望父母，春节的时候则带着孩子随丈夫回家。

沛的工作特别忙，小倩只能独自在家带孩子，但沛又对带孩子这件事有各种想法，都布置给小倩要求贯彻实施。虽然他有空的时候也尽量参与育儿，但毕竟带孩子的主力是小倩。要是李理老师这样对我的话，我早就对他暴跳如雷了：“你有意见你来啊！”可是小倩竟然能在怀着二宝的同时，在家教养大儿子，还几乎包揽了全部家务。我看过她贴在家里墙上的育儿时间表，按照丈夫的建议，将孩子每天在家的学习生活规划得丰富多彩，仰恩没有上过任何早教班，却在小倩的照顾下，智慧和身量一起增长。

最让我不能接受的是沛坚持不买房子！

我们当时为了给大女儿落户，在北京远郊买了一处期房，也推荐给了小倩。她有些心动，沛却坚决地拒绝了，原因是不想向父母借钱。因为我们的关系特别亲近，我清楚地知道他们这些年确实没有什么积蓄。沛的收入有限，房租加上养孩子，他个人还常常免费送书支援其他有需要的人，他们是我们这些小家庭中唯一工作后按月给老家寄钱供养父母的家庭，所以是真正的“月光族”。

我特别不理解，甚至有点替他们着急。在我们这一代“80后”当中，父母出资付首付购房已经是非常普遍的行为了，他们却反其道而行之，在大城市生活，不但不愿意找父母支持首付，反而每月给父母寄钱！

更让我不解的是，在买房这件事上，小倩虽然起初有些挣扎，但后来还是决定支持丈夫的决定，最后竟然安之若素，全盘顺服下来，一家四口其乐融融。

我不由得感慨上帝真是爱沛啊，给了他这么好的妻子；又觉得上帝也是爱我的，给我像李理老师这么好的丈夫——我们是同乡，每年春节都能一起回家，甚至能在我们家住；他在育儿上全力维护我，也承担很多的家务；双方父母都愿意支持我们买自住的房子。

也许幸福家庭的相似点，并不是两个人都完美无缺，而是有缺欠的那个人，恰好找到了另一半来弥补。

后来才知道沛的家庭缺欠比想象中更大。

当时我们因为各自搬家，有段时间没有联络。一天，沛突然建了一个叫“为父母祈祷”的微信群，邀请我们进去。进群后我才知道他父亲患了肺癌，时日无多。

沛不得已，放下工作回福建照顾父亲，在群里非常真实地分享他与父亲相处的各种软弱和挣扎。随着父亲病情的不断恶化，需要用钱的数额越来越大。沛回去整理家中账目，发现父母多年来按照闽南风俗，在婚丧嫁娶时各种铺排，竟然欠下了400万的巨额债务。

400万！我们整个群里都震惊了。沛的家族都劝他干脆赖掉账目跑路吧，群里的朋友们也纷纷出谋划策建议他依法办事，利率高的债务是不受法律保护的。但沛和小倩商量完之后，做出了一个让我们都大跌眼镜的决定——他们要替父母承担这部分债务，不想因此失信于乡里。

400万！我的第一反应是替小倩不值，多年操持家庭，独自抚育两个儿子，供养父母，竟然还有一个无底洞等着填补；同时也在心里埋怨沛，如果早年听我的劝告找父母借钱买房的话，此时至少能卖掉房产，弥补亏空。

最郁闷的是，我又说不出来沛做的决定有哪里不对，他明明行得堂堂正正、无可指摘，除了愧对小倩。

身处其间的小倩却并不像我这么气愤，反而出乎意料的平静。她默默支持丈夫的决定，始终尽心竭力地操持家务、照顾孩子。在这种情况下，他们竟然意外地有了第三个孩子。

她担心丈夫在北京和福建两地奔波，身体受累，就从老家搜罗来小米，熬粥给沛养胃。姐妹们去她家吃饭的时候，发现内蒙古的小米特别好，就都托她帮忙代购邮寄。为了交易方便，她在怀着老三、带着两个儿子之余，索性开了一家微店开始卖家乡小米。由此一发不可收拾，又上架了多年在闽南卖鱼的婆婆加工的新鲜纯正鱼丸，新疆姐姐采购的各式干果，家乡内蒙古的荞麦面和手工黄油……婆婆也因着自己能参与这种还债的工作，逐步放下焦虑，全心信赖媳妇。

沛一度在债务的压力下准备辞去“报佳音”总经理的工作，应聘其他薪酬丰厚的电子商务公司。但因微店经营得不错，小倩也越来越有信心，鼓励他不要因现实放弃自己的理想，要一生仰望上帝的无尽恩典。

丈夫遭遇巨变的时候，妻子要有怎样的信心才能和他安静领受这化装成苦难的奇妙恩典啊。

我是这样的妻子吗？

结婚纪念日那天，我跟李理老师说自己特别庆幸嫁给了他。结婚8年，我俩仍然维持着如初恋般的美好爱情。我们的婚姻其实就如多数城市普通家庭的幸福婚姻一样——岁月静好，父慈女孝，买房买车，工作生子，即便偶有争执也终究波澜不惊。

而我观看小倩和沛10年的婚姻生活，发现他们凡事都是逆世界潮流而上的。

在我犹豫着毕业即分手、为了各自前途各奔东西的时候，他们教我为爱妥协、彼此相守；在我拿着Top2的学历追求更高的职位、更好薪酬的时候，他们选择不忘初心、彼此扶持；在我觉得孩子就该老人帮带的时候，他们选择了自己辞职教养孩童；在我倾尽两边家庭支持、在大城市付首付买房的时候，他们选择了按月供养父母，甚至为父母还债。

扪心自问，我并没有那么纯粹，常常在现实和理想之间挣扎摇摆，有时候甚至觉得他们这样为人处世很傻，太吃亏了。可是每当看到他们，我又觉得很安心，安心在这样物欲横流的喧嚣世界，还有这样的人，可以不为潮流裹挟，靠着恩典直面惨淡的人生；可以不被生活击败，反而活出更丰盛的生命。

转念想想，400万的债务，像我们这代“80后”，很多城市家庭为了购买房产都会背负，但是如他们一样在逆境中深刻理解、彼此依旧相守的婚姻，却是极其稀有的。

我们愿意为了房子背负巨额的债务，可为了爱呢？

在小倩开微店之前，我从来没有在微店里买过任何东西。但是自从她开微店之后，凡是他们家有的食物和用品，李理老师都会提醒我应该在那里买。

她为自己的微店取名叫作“更美家乡”，我很喜欢这个名字。因为一位妻子的智慧和爱，原来对沛来说充满伤痛和羞辱的家乡，变成了祝福和喜乐的源泉；原来在人看来充满了贫穷、失意、疾病的绝望生活，因为在婚姻里恒久践行约定的妻子，变成了满足、健康、充满盼望的人生。

这样美好的女子，真是如百合花开在荆棘中。

我们切慕爱情，却只看到爱情的美好，何曾看到背后的艰辛？而我们盼望婚姻，固然是为了同领生命之恩，又何尝不是为了患难临到时那双共同哭泣的眼睛。

小倩和沛何其有幸，在这片已经不再蔚蓝、不再纯净的天空下，找到了那个愿意共同受苦的灵魂，那双愿意共同哭泣的眼睛——他们都是顶尖名校最好专业的毕业生，他们没有自己的房产，他们的银行账户中除了债务没有任何财产，他们却有众人见证的美好婚姻，有着三个名字里都有恩典的儿子。

爱的高级是内心的自洽

写了这么久的爱情，不写写性，总觉得不太完整，毕竟都是成年人。

谈到性，谷歌有一些很有意思的大数据，当然由于众所周知的原因，这数据肯定不包括中国，所以咱们可以坦然引用。比如，谷歌搜索告诉我们，抱怨配偶不愿意做爱的数量是抱怨配偶不愿意谈话聊天数量的16倍之多，[①]正印证了小万工早就说过的一句话："夫妻相处，房子不是最重要的，爱才是。"

而谷歌也同样告诉我们，关于爱爱这件事，男性最焦虑的是自己的性器官，他们搜索这个话题的频率远远超过搜索肺部、肝脏、脚部、耳朵、鼻子、喉咙和大脑等方面的问题的总和。

男性搜索如何让性器官变得更大的频率，要远远高于如何调试吉他、如何做煎蛋卷，或者如何更换轮胎的频率。随着男

---

① Google数据来自《卫报》网站，美国数据科学家Seth Stephens-Davidowitz。

性年龄的增长，他们最担心的问题是性器官会不会变小。

但有趣的是，男性的配偶——女性反而并不在意这一点。事实上女性搜索伴侣性器官的数量和男性搜索自己性器官的数量之比大约是1∶170，而且其中超过40%的女性在伴侣生殖器方面的抱怨是——它太大了。[2]

另一个和性器官一样有意思的对比项是，男性很关心如何延长自己的性交时间，但女性最常见的担忧并不是他什么时候射，而是为什么他还不射！

综上所述，我们的性观念里面，其实充满了谎言。

这些谎言产生的原因多半都是由于教育缺失和媒体的误导。

美国某项研究显示，当儿童被问到从什么途径获取性知识时，其中来自教会的，占1%；来自父母的，占3%；来自学校的，占7%；来自家中其他长辈的，12%；来自传播媒体的，占28%；其余49%，都来自同辈！

多么可怕，人生中最重要的知识之一，却不能通过正规途径获取，只能和一知半解的同龄人以讹传讹——这还是在相对开放的美国，且不论中国。

② 同前。

我一直觉得中国青少年的性教育是异常缺乏的。

至少在我的青春期里，印象中我只能从书籍的只言片语中获得对于性的模糊概念。

我还记得10岁那年，同一个院子的邻居小男生搬家，我很舍不得他，就央求父母准我在他家留宿一晚。

我还记得那晚过后，10岁的我莫名其妙地怀疑自己会不会生宝宝。因为根据我多年的追剧经验，好像男生和女生只要一起在床上睡一晚，女生就会怀宝宝。

上周我在自己的小说里虚构了一堂生物课。课堂上，老师肆无忌惮地讲述了男女之间的性交，就是男生把精液射到女生下面的洞洞里，而学生却傻乎乎地提问："要是对不准怎么办？"老师说："又不是打靶。把枪插进洞里射，怎么会射不准？"

这并不是一个虚构的故事，而是我大一时给一个同龄女孩讲解什么是性交时的真实桥段。

可见我们的学生，尤其是女生，对于性，能无知到什么程度。

在无知的同时，这个时代的人们看待性的观念又是如此开放，似乎青春年少的爱情就是干柴烈火，是不计后果的肆无忌惮。

前文所说的谷歌搜索显示，女孩子对于男朋友的头号抱怨是："我的男朋友不愿意和我做爱。"在现代人的观念里，既然都已经确定了恋爱的关系，如果没有性，那说明爱就是有问题的。

可是我想说，这绝对不是性本来的模样。

如果有人参加过在教堂里举行的婚礼，应该会注意到新人双方誓言完毕，交换完戒指，牧师就会笑着说："新郎，你可以亲吻自己的新娘了。"

在我的婚礼上，牧师说完这句话，我丈夫就背过身去，用他的笑脸遮住我的脸，背对着大家吻了我。立足于婚约的这个吻，才应该是男女之间第一次性关系的起点。

从另一个侧面说明，在此之前，上帝觉得情侣间连亲吻都是越界的行为，否则会非常危险。

我还记得第一次切身体会这种危险，是19岁时接待一个和我年龄相仿的小姑娘，她年轻美丽，又有才华。

我们聊的很投缘，但最后她有些迟疑地问我，你不赞成婚前性行为，是吗？

我当时不谙世事，直接回答，是啊。

她笑着跟我说："你别的都好，可是这也太迂腐了，你不知道性有多么美妙。”

我当时胆怯，担心冒犯她，并没有多说话，然后她就离开了。

而我第二次听到她的名字，是在她未婚先孕早产生了一对双胞胎之后。两个孩子都住在保温箱里，需要巨额的医疗费用。教会为她和孩子募款时说：“女儿犯了错，回家来了，父亲能不接纳她，能不帮助她吗？”

之后我去探望她，她说她被骗了，她以为他会娶她的，结果他是一个有妇之夫……她本来准备堕胎，但是得知自己怀上双胞胎的那一刻，真的觉得自己没有办法放弃两个生命。

那个原来眼睛明亮、笑容甜蜜的女孩，此时却眼神黯淡，痛哭流涕。

难以描述当时自己的心情，我至今仍然觉得那是我想起来最后悔的事情之一。我恨自己为什么第一次遇到她的时候没有拉住她，如果那样的话，事情也许就不是现在这个样子。

而这两个不谙世事的小婴儿，如果能在婚姻中出生，会给一个家庭带来多大的喜乐和满足。

联合国人口基金支持开展的中国青年生殖健康调查发现，大多数15～24岁的中国未婚青年对婚前性行为持开放态度，但只有不到5%的人了解生殖健康的正确知识，只有不到15%的受访者具有预防艾滋病的正确知识。每100名15～24岁的未婚女孩中有4名会怀孕，她们中的90%会选择人工流产，中国更是每分钟便有10名未婚少女流产。

有些路看似愚拙，走的人少，却是正路；有些路看似阳光明媚，走的人也多，却不知会引你走向什么样的深渊。

所以，后来再有人问我："你不赞成婚前性行为吗？"我会说："是啊。"然后紧接着说，"别人且不管如何，想想如果她是你的女儿呢？"

作为父母，我们一定愿意自己的女儿能够保守自己的身体和心灵——直到在他面前立定神圣婚约，才放心让我们开启性这一奥秘礼物。因为这样的礼物绝对不是污秽的、羞耻的、不正当的，而是圣洁的、欢愉的，比酒更美的。

圣洁并不意味着禁欲和冷淡，我所读过的描写性的美好句子，没有能超过《雅歌》的：

> 我所爱的，你何其美好！何其可悦，使人欢畅喜乐。
>
> 你的身量好像棕树，你的两乳如同其上的果子，累累下垂。
>
> 我说：我要上这棕树，抓住枝子。
>
> 愿你的两乳好像葡萄累累下垂，你鼻子的香气香如苹果。

你的口如上好的酒。

女子说：为我的良人下咽舒畅，流入睡觉人的嘴中。

我属我的良人，他也恋慕我。

这无比美好的浓情蜜意，只有在婚约中才会真实地发生。

而且在我的婚姻生活中，我发现性虽然是与生俱来的冲动，却并不是自然而然就能习得的本能。夫妻之间需要在长期磨合中体恤彼此的软弱，了解彼此的身体，担当彼此的需要，才能在一次又一次的身体的联合中实现灵魂的合一。

在我和丈夫的婚姻中，性的原则是这样："将自己身体的权柄完全交给另一个人，以对方的需要为中心。"如果没有基于婚姻这样只有死亡才能废弃的约，谁有这样的勇气呢？

是的，当我在自己的婚姻里体会到性的甜美，又有了两个可爱女儿的时候，我就决心告诉她们要正确地看待和对待自己的身体。

只要她们能懂得和提问，我就会毫不避讳地告诉她们什么是"大姨妈"，女人怎么生孩子，性是怎么回事。我和丈夫也并不会避讳在女儿面前拥抱、亲吻和表达爱意，同时告诉她们这是独属于婚约中的美好。

如果我们可以从小就与子女畅所欲言地谈论性，建立一种深入交谈的亲密关系，等到她们长大，她们也可以将自己的困惑与我们分享，就不容易被世上的谎言所迷惑。

我希望她们一生中所能获取的和性相关的知识，不是来自谣言满布的媒体、欧美日韩的音像制品，或是一知半解的同龄人，而是来自爱他们的父母，来自他们父母的婚约，来自值得等待的真爱。

我愿意她们在婚姻之前保守自己如封锁的园、紧闭的井。这样，当她们在未来和自己所爱的人立定婚约的那一刻，她们就可以如《雅歌》中那个女子一般坦荡欢然："愿你用口与我亲吻，因你的爱情比酒更美。"

Part

走得再远，也别忘了出发的目的

难以逆袭的家族故事

刚从北京回到武汉上班时，没车跑项目诸多不便，我爸跟我说："要不要把你三叔的车开过来给你用？"你没看错，他说的是我三叔的车，说起来就像自己的一样，可以随意支配。

想到这儿便觉得有趣，长辈叔伯们都已到了不惑之年，都有各自的家庭，但还是同幼时一样不分彼此、亲如一家。最近总是看到"阶层固化"这个词，便萌发了想写一下父亲的故事的念头——中国农村难以逆袭的家族故事。

我的父母都出生在湖北小县城的山村里，爷爷奶奶、外公外婆都是地地道道的农民。父亲家中兄妹五人，妹妹早逝；母亲家里兄妹七人。父母的学历都是中专，念的医科，是各自家族里面的最高学历。

父亲只念过初中，恢复高考后的第二年便考上中专。之所以选择医科，是因为学医不仅不要学费，而且每月还给13元饭补。我爸说他当年拿着9元钱去学校报到，年底回家的时候还带了50元钱回来。在武汉学习期间，当时居住于武汉的姑爷爷经常周末叫他去家里打打牙祭，所以现在父亲每次去武汉都会惦记着去姑爷爷家里看看。

父亲毕业后分配到我们县里的医院，从拿工资的那天起就开始补贴自家弟弟。

从我还没记事起，叔叔们就走马灯似的住在我们家和我一起长大，父亲就是朴素地觉得他是家中长子，既然已经工作了，供兄弟念书自然就是他的事。

母亲跟我说，那会儿他们俩收入微薄，刚毕业的时候工资也就几十块钱一个月，生活真的不算宽裕。当时看到父亲那样贴补自己的家庭，她心里多少有些不乐意。但父亲特别坚持，弟弟们念书需要钱，他除了本职工作之外，还努力地找各种各样的兼职来做，什么值班看大门，做清洁工刷厕所、打扫卫生，节假日给人打狂犬疫苗……他都做过。一个医生，脱了白大褂就去刷厕所、看大门，想想都挺佩服我爸的。

父亲这样拼，母亲看着也就不再多说什么了。她到底是刀子嘴豆腐心的人，虽然偶尔也忍不住唠叨几个叔叔一番，但还是尽心竭力地照顾着全家的饮食起居。

我家在我读初中之前，一直都住在一套两居室里，不大的房子里住着我父母、我和两个叔叔，周末还时不时会来几个打狂犬疫苗的人。记得那时候，父亲经常放下手中的碗筷，然后给人清洗伤口、打预防针，现在回想起来也是挺热闹的。

虽然那时候物质匮乏，但我觉得真的很快乐。虽然是独生女，但有年纪长我不多的叔叔们，就好似多了几个“大哥哥”一般。我念小学的时候，四叔念初中，三叔念高中，二叔已经读完师范。他们从未把我当作晚辈，都像是对待“妹妹”那样疼爱我。

二叔寒暑假带我去河里游泳、捉鱼，跟我讲学校很多很有意思的事；四叔虽然念书不算好，但很会画画，还会讲各种故事，特别喜欢和我聊人生，我也经常早起把他从架子床上的梯子搬开捉弄他，让他不得已只能跳下来；三叔长得很帅，高中时总有女生给他写情书，我偷看了，他就红着脸来打我。

我小时候很爱阅读，但小县城的书店里又没什么可看的书，就把几个叔叔的各种初高中、中专课本和偷偷买来的小说翻了个遍。现在想想，那就是我幼时难能可贵的文学启蒙。

父亲供叔叔们念书的时候并没有图回报，只是单纯地觉得这是他身为长兄的责任。但是他所种下的一切美好，都在他的女儿身上开出了花。

我的三个叔叔读书的时间都比父亲长。二叔师范学校毕业后回县里当了老师；三叔念了财校，最终进了国企；四叔高中毕业没考上大学，就学了门手艺自己开店。现在他们还都在小县城里，过着小康生活。

爷爷过世后，父亲把奶奶从农村接到我们家来住。虽然叔叔们都已经各自组建了家庭，但逢年过节还都是会回到大哥这边，像小时候一样一起过节过年，奶奶过世后也还是一样。

我考上清华大学那年，几个叔叔特别高兴，就像是自己的孩子考上了大学一样来帮忙张罗。

当时有个啤酒厂因我是县里的高考状元，特意来赞助家里的酒席，拉了一大车啤酒过来。酒席办完之后还剩了好几箱，爸爸就让四叔给人家送回去。旁人特别不解，说："干嘛费劲再给送回去？自己留着或者卖了啊。"

结果父亲憨憨地说："他们只说赞助咱们酒席上所有的酒，酒席都开完了，剩下的酒当然得送回去啊！"

记得当时我看着父亲，虽然他的身高只有1.6米，但那一刻他的身影在我内心真的是格外伟岸。就像供几个弟弟读书一样，他总是认死理——这就是我的责任，让人完全无法反驳。

我从未见过父亲和叔叔们因为赡养父母的事情红过脸，都是一起想办法。而作为长子，父亲总是主动承担得更多；而且我也从未见过他们兄弟间争家产，他们年长的三个都同意将老家的宅基地和农田留给家中稍艰难些的年龄最小的四叔；谁家里孩子上学、成婚、买房需要花钱的时候，他们从来没有人推三阻四，都是倾尽全力来一起凑；谁家里人生了病，都是一起出钱出力照顾；各家之间的财物，从日常吃食到车子房子都是所需用的时候互相帮衬——这就是我出身的阶层，就是我在费孝通的《乡土中国》中读到的那个世代"安其居，乐其俗"的传统乡村阶层。

后来我到大城市去念书，毕业后留在城市工作，看到已经赶上大都市房价上涨个人财富骤然上升的新贵们，人们普遍焦虑着阶层上升的通道是不是已经关闭，寒门是否越来越难以出贵子，我就忍不住想起自己的家乡，想起那个"五线"小城中毕生积攒的财富都买不起北京的一个厕所，但仍然安居乐业、克己复礼的父老乡亲们。

"礼失求诸野"——在人们纷纷逃离家乡涌入大城市的时代，那些还留在乡镇的人群仿佛已经成为被遗忘且永远无法逆袭的底层，但是在他们之中却留有许多美好的传统。看似愚拙的家庭观念、彼此帮扶的质朴人伦、根植于血脉中的家国情怀，都依然深藏在日出而作、日落而息的传统乡村之中，深藏在像我父亲一样敏于行而讷于言的传统乡民之中。

他们讲不出很多的大道理，在喧嚣的网络环境中也发不出任何属于自己的声音，甚至被诟病为思想守旧跟不上时代，但他们始终在默默地以自己的人生践行着传统中当尽的本分。他们就是现代人眼中的“寒门”，是无数文人墨客魂牵梦绕的故乡，是儒家礼俗中的沃土，是道家推崇效法的自然，是中国文化真正的活水源头。

我就是在这样的村镇、这样的“寒门”中长大的，即便后来进入国内顶尖的大学求学，身边的同学多身家显赫，我也从来没有觉得自己缺乏什么。生于城市或长于乡野，都是人生不同的风景，本来就与高贵无关。

而且我觉得，中国的阶层从来都不是靠家产或财富定义的。古语云“富不过三代”，反倒是推崇“礼乐传家久，诗书继世长”。

“唐宋以来巨族，江南有数人家。”——古往今来，那些历史中数次沉浮却经久不衰的家族，如周恩来、鲁迅所出身的绍兴周家，金庸、穆旦所出身的海宁查氏，无一不是发迹于传统乡野，以言传世、以德立身的家族。

这样的家族，即便是在动荡的时代中屡受磨难、散尽家财，甚至在文字狱中几近灭门，却始终薪火相传、生生不息。反观一些因缘际会一夜发迹的家族，即便是权倾天下，却也常常是昙花一现便湮灭无闻。因为，“义人虽七次跌倒，仍必兴起；恶人却会被祸患倾倒”。

“但谦卑人必承受地土，以丰盛的平安为乐。”父亲的家庭只是中国千千万万小城镇中最普通的一个家庭，到我们这一代，大学毕业之后便渐渐开始进入各个城市，在各自的工作岗位上过着幸福的普通人的生活。虽然没有达官显贵，但我们的生活水平普遍要比父辈们更加富足一些。我们这代人大都是独生子女，也因着父辈的渊源，我同我这些堂弟表亲们的关系，就像亲姐弟一样亲密。

诚然，我也对国家现状有诸多不满，但我不得不由衷地说，这是中国历史上最好的时代，远胜过我父辈们的那个时代，不仅是因为阶层有各种向上流动的可能，更多的是因为我看到无论身处在哪个城市、哪个阶层，人们都可以通过自己的努力过上有尊严的富足生活。

很多人说现在教育资源不均衡，孩子们教育资源的好坏更多的是父母掌握资源的比拼，没有任何资源的“穷爸爸”已经难以培养出好孩子了。我真的很感激我的“穷爸爸”，他虽然事业并不算成功，也没有给我特别优越的物质条件，甚至常常被讥笑为“爱吃亏的老实人”，但是他那种对家庭的担当，对兄弟的爱，对父母的责任，对传统文化的固守坚持，都是我受用一生的无尽财富，这些东西远胜过钱财房屋。

诚如近代哲学家牟宗三所言：“走遍天下，不如我小小栖霞。”我的故乡虽生活简朴，但山川灵秀、村落疏朗、耕读相续。如果说中国的阶层正在固化，我希望我和我的孩子以后无论去到哪座城市，都能永远固化在属于我父亲他们弟兄之间彼此相爱的传统阶层。

幸福就是一碗汤的距离

在清华念本科时，我每年都会给父母写一封信，汇报自己一年的收获和想法。其他几封信的内容记忆都模糊了，只记得其中一封。

当时我临近毕业，正在为出国、工作、考研而纠结，却在信的末尾大言不惭地写：

“无论我选择哪条路，我都相信自己以后想见父母的时候随时都能见到，父母想我的时候我就能回到他们身边。”

后来妈妈每说到这事就取笑我说真能吹，说当年爸爸一个四十多岁的大男人读到这封信的时候哭得稀里哗啦。

我确实没有做到。

大学毕业留京之后就再也没有给父母写过信。

电话、网络、微信，我们的沟通方式越来越多元，已经不需要写信了，或者说没有时间、精力、心情去写信了。

北京到武汉的火车不断提速，14小时的特快变成了4小时的高铁，甚至武汉到我家乡那个小县城的路也越修越好，6个多小时的盘山公路变成了2小时的高速。

但我们仍然只是一年回去一次。

而且去年我们还在计划，是不是可以利用春节假期出国旅行，不用年年都回家乡。

工作、买房、买车、带孩儿，甚至是旅行，这些大都市“升级打怪”的各式动作，在我们这第一代“北漂”的生活当中，仿佛都比去看一趟千里之外的父母更为重要。

我安慰自己，等他们退休了，就把他们都接到北京来，跟我住在一起，那时就能天天见面了。

只是我也不知道自己内心里到底是真的盼望父母与自己同住，还是只盼望父母来帮我带孩子。

因为我知道他们其实并不喜欢我所居住的北京。

这里气候干燥，常有雾霾，父亲每次来都会感冒。

这里的人都说着我母亲一辈子也不会说的标准普通话。

这里除了我们一家四口以外，他们没有任何其他亲朋。

这里是中国的文化中心、政治中心、国际交往中心、科技创新中心，有国内一流的教育、医疗和工作机会，只是怎么看也不像是一个适合养老的地方。

至少是不适合湖北小县城里的老人养老。

我们在北京住的两居室比父母在家乡住的房子小一半，还是父母给凑的首付。他们毕生节俭，给我们汇几十万的时候却眼睛都不眨一下，还唯恐给得不够。

“没多少，反正迟早都是要给你们的，我们老两口在家用不到什么钱，只要你过得好。”

每次来看我的时候都一箱一箱地拖来家乡的黄牛肉、新鲜猪肉、水库鱼、土鸡蛋，甚至是地里长的辣椒和茄子，好像我们不是住在繁华首都，而是物资匮乏的阿富汗难民区。

父亲做了个小手术、母亲腰闪了，我都没能回去，在视频里嘱咐他们照顾好身体，他们都说没事，小毛病养养就好了，让我在北京安心工作。

我以为他们是坚强，后来想想他们只是太懂事，怕给我添麻烦。

其实——是我不懂事。

北京公司刚开始做的第一个养老公寓，就是我负责。

养老公寓业务的账很难看，在地产公司并不是很受重视的板块。但我做得起劲，看着小区周边飞涨的房价，我想这也许是能把父母接到身边的唯一机会。

有一次开会讨论定位，我兴奋地发言说："目标客户就是我这种'北漂'独生子女的父母啊。我希望这个养老公寓一定要离我们的小区特别近，就是一碗汤的距离——我烧了一锅汤，想要端给父母喝，就迅速地端过去，到他们的饭桌上，汤还热着呢。"

后来公司真的在我家小区门口建了一栋特别小的只有三十多个床位的养老公寓，叫"嘉园"。

后来"幸福就是一碗汤的距离"成了我们公司养老公寓业务的宣传语。

"嘉园"设施完备，服务贴心，但即使这样，我发现大部分入住的都是高龄且需要护理的老人——中国的老人但凡自己能动，确实都不太愿意给别人添麻烦。

看到嘉园里拄着拐杖坐着轮椅的老人，就会想自己的父母现在身体还算不错，但是以后呢，需要人照顾的时候呢？他们肯定希望陪在他们身边的那个护工是我，我能做到吗？

就算我能，父母会不会说："你还是回去上班吧？我这里还好？"

就算我能，父母愿意在病痛的时候离开他们生活了一辈子的熟悉小城，来到北京这个陌生的大城市吗？

就算我能，我的工作、我的孩子，我能放下吗？一周可以，一个月可以，一年呢？几年呢？

在家里还有好多亲人可以依仗，在北京，不太敢想，真不敢想啊。

发现武汉也有不错的工作机会时，就特别想回去。

准备调动的那段时间每天晚上和父母视频，他们都会关切地问我进展，末了都会补一句："我们就你这一个女儿，你回来我们当然很高兴，但不要委屈自己，你生活得幸福，事业发展得好最重要。"

当时回来的事考虑得并不明朗，北京也有各种诱惑，甚至跟父母说很有可能就不回武汉了。他们说行，你们自己做决定，大城市的事我们小地方的人也不太懂，家里没什么资源，也帮不上你什么忙。

只是挂掉视频的时候，我清晰地看到了他们眼睛里的落寞。

想起第一次提到有可能调回武汉的时候，母亲说当晚我爸就梦见来北京帮我们搬家回去，兴奋得笑醒了。

他们不想给我压力，不想我因为他们的缘故影响自己的职业发展，所以宁愿委屈自己。

在北京做的最后一个项目离家很远，150公里，开车过去要两个半小时。每周我都至少要去一次。有一次，我正开着车，车里的音乐台传来一首《天之大》。

听到头两句：

妈妈，月光之下，静静的我想你了，静静淌在血里的牵挂。

想到自己的父母，顿时眼泪就涌了出来，完全停不住，把车停到路边趴在方向盘上就开始号啕大哭。

天之大，唯有你的爱是完美无瑕。天之涯，记得你用心传话。

渐渐止住泪水，马上用导航查了武汉到我家的距离——180公里，两个半小时的车程，顿时觉得自己很傻：同样是两个多小时的车程，为什么不回武汉？这个距离每周都能开车回家。

我顿时发现自己在回武汉这件事情的考量之中，排在前列的一直都是我们夫妻俩的职业发展、大女儿的教育、小女儿的照料，就是没有父母的需要。

父母的排序中同样是我们俩的职业发展、孙女的教育和照顾，同样没有他们自身的需要。

我天真地以为他们从不要求就是不需要。

我真傻，有谁会不！需！要！

想到当年上高中去市里的重点中学寄宿，本来充满了初次离家的兴奋，但偶然读到《红楼梦》中写探春的判词：

分骨肉

一番风雨路三千，把骨肉家园齐来抛闪。恐哭损残年。告爹娘，休把儿悬念。

自古穷通皆有定，离合岂无缘。从今分两地，各自保平安。奴去也，莫牵连。

想到自己读书越努力，却离父母越远，就躲在宿舍的被子里泣不成声。

后来自己有了孩子，读到龙应台的《目送》：

我慢慢地、慢慢地了解到，所谓父女母子一场，只不过意味着，你和他的缘分就是今生今世不断地在目送他的背影渐行渐远。你站在小路的这一端，看着他逐渐消失在小路转弯的地方，而且，他用背影默默地告诉你：不必追。

想起妈妈在我读寄宿高中的时候，周末经常四处托人搭便车当天往返，只为了给我送一碗汤，从来不会留下来住，怕影响我学习。

父母看着他们唯一的女儿渐行渐远的背影，并没有去追，甚至怕多说一句话就扰乱她的脚步。

可是我傻啊，他们没有追，我也不知道回头。

跟父母说我们确定了要回武汉的时候，他们不相信，总觉得我骗他们，一再确认了好多遍。每一次得到肯定的答复，他们都快乐得像孩子一样。

我记得他们上一次这么高兴，好像还是我14年前考上清华的时候。

想来有趣，辛苦一生，就为了把女儿送到千里之外，老来却为了女儿归来欣喜若狂。

可是怎么能不高兴呢？想来看我随时都能来，周末想我了我随时都能回去；房价相对低，我们可以住在同一个小区；退休了来武汉也有很多的亲人朋友，气候和饮食也都习惯；儿孙绕膝，可享天伦之乐——怎么能不高兴呢？

满目山河空念远，不如归去不如归。

回到武汉买车后的第一个假期，我就迫不及待地开上了京港澳高速，只是这次开的是另一段通往家乡的路，边开车边兴奋地想象着父母看见我突然出现时的惊喜模样——

那从旷野上来
靠在他爱人身边的是谁呢
我在苹果树下叫醒你
你的母亲在那里为你劬劳
生养你的在那里为你劬劳

一个家，两个妈

自从嫁到李理老师家，我就有了两个法律意义上的妈妈。

一个是我的亲妈，另一个是我最爱的那个人的亲妈。

据说世界上最难相处的合法关系有两种，一种是婆媳关系，另一种是女儿与后妈的关系。都是两个本来没有任何瓜葛的陌生女人，由于爱同一个男人，被“无辜”地安放到一起，血缘上毫无关系，客观上还得情同母女。

我想这对于圣母玛利亚来说都是世界难题吧！

何况我还是个懒媳妇。

不明真相的群众都觉得李理老师特别幸运：小万工又会挣钱养家又能生娃、奶娃，支持他追求理想、还能讲笑话，真是十项全能、天赐良妻！殊不知我有一个致命弱点——懒。懒到什么程度呢？基本上完全不做家务吧。

小时候，我爸就数落我：“扫帚倒了都不扶，以后谁娶你？”

没想到我瑕不掩瑜，遇到李理老师这种不太挑的，一不小心就嫁出去了！

从出嫁那天起，我就知道自己肯定装不了一辈子，决定以本色示人。看到电视里好多新媳妇到了婆家都会表示表示，可这种表面工作我都懒得做。在婆家跟在娘家一样，衣来伸手饭来张口。吃完年夜饭，他们一家人都抢着去刷碗，李理老师在桌子底下踩我，意思是“碗我来刷，你倒是装装啊”，结果我一动不动，心里还特有理：“我得把婆婆当亲妈一样对待，我在家就是这样对待我亲妈的！”

可婆婆和我亲妈完全不同啊。

我妈是个职业女性，工作上进，生活随性。她虽然只是个小护士，但专业特别出色，五十多岁时去考了个药师资格证还全优通过；对我却放任自流，觉得学习就是我的事，美其名曰：培养独立。小时候上学，我都是天还没亮就自己洗漱完骑车走了，中学、大学去学校报到，从来都是一个人坐汽车、坐火车拖着大箱子去的。

所以我妈很接纳我生活懒散，反正她也不管，却常常纳闷我怎么考了5年还没考过注册建筑师呢？

婆婆正好相反，全能型家庭主妇，公公常年在各地跑生意，她独自在家带大三个孩子还张罗得井井有条，干活麻利、心思细腻、特别会照顾人。公公有糖尿病、小孩不吃辣，她常常同一种菜做三样，一盘不放糖的，一盘不放辣的，一盘正常的。三个孩子在外地念书，都是婆婆一个一个陪读，对孩子是嘘寒问暖、无微不至。

所以我生活懒散婆婆也忍了，不就是多照顾一个人嘛，但她特别纳闷我为什么总要加班出差，真有那么多的重要工作吗？就不能多顾顾家吗？

好在我们在北京，一年也就回去几天，婆婆性格好，我也脸皮厚。结婚第一年除了李理老师每天擦地、做饭、深感落差巨大外，婆媳间基本相安无事，还觉得好像挺好相处的。

有了孩子才是鸡飞狗跳的真正开端！

婆婆照顾月子，这是我的第一个女儿，也是她的第一个孙女，有了大家都在意的大宝贝，原来个性温和的两个人都开始坚持原则。

在孩子这件事上我们几乎就没有过一致意见——我要用纸尿裤，她想用尿布；我说孩子吃母乳不用额外喂水，她说孩子不喝水怎么行；我不想给孩子把尿，她想把；我觉得瘦点无所谓，健康就好，她想孩子能多吃点，养成胖宝宝；我拿着一本厚厚的育儿书照本宣科，生怕有丝毫差池，亲手拉扯大三个孩儿的婆婆也很紧张，生怕平时看起来生活不能自理的媳妇看了几本书就误入歧途，带坏了她的宝贝大孙女。

我听从过来人的建议，不和婆婆起正面冲突，意见大都通过丈夫礼貌转达。没什么用啊，婆婆还很委屈，觉得自己辛苦帮带孩子、伺候月子，还被儿子各种挑剔，很受伤。丈夫碰了钉子也无奈地说："她这么带孩子很多年了，没理由有了孙子就能一夜改变，你的要求太高了。"

家里气氛微妙，产后抑郁的我也憋到内伤："我是孩子的妈妈，当然是为了孩子好啊，为什么不能按照书里的科学育儿方法来对待孩子呢？"

不在沉默中灭亡，就在沉默中爆发。

以某个小事为导火索和婆婆大吵一架，双方都剑拔弩张地开始给对方讲道理，婆婆觉得我照顾孩子不细致，孩子屁股都红了还用纸尿裤；娃娃不应该喝水吗，大夏天的？我觉得既然我是孩子的妈妈，孩子的事就应该我做主，我怎么会害孩子呢？我也很努力地想做个好妈妈啊……

吵架的时候大家自说自话各执一词，都在自证清白，为孩子好的心天地可鉴。但不知道为什么，数落完一通，心里并没有觉得舒畅，反而更加塞心，不知怎么就想起来我们俩婚礼上牧师讲的话：“家不是一个讲理的地方，是一个讲爱的地方。”

顿觉亏欠。我一直自以为占理，可是心里有爱吗？我是爱我的孩子，可是我爱我的婆婆吗？

回想起来当时心里真是没有什么爱。

出月子没多久，我就带孩子回了娘家。身心舒畅，一下就放松下来了。

过了一阵子，无奈发现我妈尽管和婆婆有诸多不同，但是在带孩子方面如出一辙——同样热衷于把尿；同样觉得尿布比纸尿裤好；同样在孩子洗完澡之后，要弄一层厚厚的爽身粉、喷喷香——而且她更加理直气壮。当我拿着书给她看，对她说“你看看把尿有多么多么不好”的时候，她就说：“没有那么夸张，我就是这么把你带大的啊，不挺好的？不过孩子是你们自己的，你爱咋地咋地吧，老娘管不了你。”

很奇怪，当我妈这么简单粗暴地对待我的时候，我并没有产生和婆婆在一起时那种憋闷的心情。或者说，我一点都不会怪我妈，就是有点哭笑不得。

我发现，同样的话，妈妈跟我说的时候，我不会猜测她背后的意思，因为我相信妈妈的出发点就是为了我好、为了孩子好。但婆婆跟我说的时候，我就会多想，猜测她是不是在挑剔我，对我不满意？然后就开始默默生气，满腹委屈。

我根本就是在自欺欺人，一边要求婆婆像妈妈一样对待我、接纳我，内心里却没有像对待自己母亲那样信赖她、体谅她、爱护她。

我已经习惯了妈妈那种完全信任我的特别放手的爱，可是婆婆的这种体贴入微、面面俱到的照顾，同样是她爱的方式啊！

再和婆婆相处的时候，我就特别提醒自己她也是我的妈妈，妈妈的每一句话都是出于爱孩子的心，并没有挑剔我的想法。

这次搬回武汉，我带两个孩子先暂住婆婆家，分别时丈夫心里还颇为忐忑，觉得是不是还会像以前那样？我自信满满地对他说："你放心吧"！

转变想法以后，心就开朗了，反观自己带大宝时纠结的那些事情并没有那么重要。带第一个孩子的时候，恨不得蔬菜都自己种，好多事非此即彼，母乳就是好，奶粉仿佛毒药。但有了老二就知道，就像我妈说的："哪有那么严重啦？"吃奶粉、吃母乳、把尿不把尿、喂不喂水、有没有爽身粉，孩子都一样能健健康康长大。

家人之间彼此相爱、美好和睦，对孩子来说比什么都重要。

这样再看自己的婆婆就特别感恩，觉得自己嫁到了一个非常好的家庭。婆婆是基督徒，处处替人着想，待人温和有礼——担心我一个人带两个孩子睡休息不好，主动提出晚上由她带二宝，每天早上5点多起来给老二泡奶粉；我常常加班、回家晚，都是她和姑姑帮忙接老大回家写作业；每天为全家老小准备各种营养丰富的饮食和水果；早晨常常倒好了水提醒我喝；从来不要求我做任何家务，衣服鞋子都洗得干干净净……

一想起自己原来的那些小气道理，就觉得惭愧：我何曾像婆婆伺候我这样伺候过她呢？

我最近回家常常很累，回家倒头就睡，精力旺盛的大女儿还在旁边各种兴奋，想跟妈妈多聊一会儿，婆婆就会过来，轻轻地跟大女儿“嘘”一声，然后抱着她说：“妈妈累了，不要打扰妈妈，今天过去跟奶奶睡。”大女儿就乖乖地过去了。

我迷糊中听到祖孙间的对话，脑中莫名浮现出一句每次看到都很想哭的话：“他是爱我，为我舍己。”

有你之后，我的世界再无保留

亲爱的宝贝：

这是你人生中的第一个毕业典礼——幼儿园的毕业典礼。我也上过幼儿园，但是那时我们并没有毕业典礼，我甚至也不太记得自己6岁之前发生的任何事情。

所以此刻，看着你在台上唱着毕业歌，回忆起你在襁褓中的样子，我就很想为6岁的你写一些什么。这样，即便你以后还要经历很多个毕业典礼，妈妈也能忆起你小时候的样子。

我还记得我和你第一次见面的时候。

医院的产房里，医生将一个娇小柔弱、头发上还沾着血水的娃娃抱到我的面前，跟我说："这是你的女儿。"

我当时就哭了。我哭，并不是因为我不喜欢女孩，而是因为我刚刚经历了生产之苦，一想到眼前的你也是一个女孩子，长大以后也要经历这样的苦楚，我就哭了。

是的，我分娩疼了一天一夜都没有哭过，但想到我的女儿以后也要经历这样的痛苦，我就哭了。

在有你之前，我也是一个集万千宠爱于一身的独生女，出嫁前有父母照顾，成家后靠丈夫担待。但是有了你的那一刹那，我就发现自己不能再做一个可以自怜的女孩儿，而要成为一个坚强的母亲。

因为你的降生，我第一次明白了无保留的爱是什么样子，就是我想付出一切，只为了保护你免受伤害。

我还记得第一次手忙脚乱地抱起软软的你的时候。

望着手中眼神清澈的你，我突然意识到，原来人来到这世界，真的是赤条条的，没有带御寒的衣服，没有食物，没有行动的能力，这个软软的人儿，依靠自己根本就没有办法生存。

《礼记》中说："人以纵生，贵于横生……故天地之生此为极贵。"意思是人是纵向出生（竖式分娩）的，以此区别于横向出生的动物，所以人的身份极为尊贵。

可是你看那些横向出生的小动物，小猫、小狗、小老鼠，生下来就会跑会跳，可以独立觅食，明显比人的降生要从容很多。相形之下，人类的降生是多么狼狈。

我就想，上苍为什么会如此设计，要让自然界中最尊贵的人，赤条条没有任何防备地来到这个世界？

直到我看到赤条条的你。

奶奶给你买了舒服的小棉袄，爸爸给你预备了小床，妈妈的乳房里流出了乳汁——在你哭泣的那一刻，全家人都严阵以待用各种方法来安抚你。

望着你吃饱之后甜蜜地睡去，露出满足的微笑，我就猜想是不是多年以前我入睡的时候，我的母亲也是这样温柔地望着我？我们卸下一切防备来到这个世界，也许就是为了让人能在降生之初，领受完全的爱。

我还记得你是怎样一点点儿地长大，长成如今的模样的。

我记得你满月时第一次被爸爸逗得咯咯笑，3个月第一次翻身，6个月第一次坐起，8个月长出第一颗乳牙，10个月满世界爬行，12个月迈出自己第一步时的情景——虽然我是你的妈妈，但生命在最初一年成长之快速仍然让我感到惊奇。

而这个过程当中，我最大的发现是，即便我是你的母亲，可以为你预备生存所需，但促使你成长的却并不是我。

那些生命中所必备的重要技能，比如行走、说话、笑、表达爱意，都藏在你的身体里，到了一定的时间就会自然地被解开，谁都无法教会你。

我们原来的小区里有一个小弟弟，两岁了，一样有很爱他的母亲，但因为疾病，他一直不能行走，不能说话，只会微笑。他的妈妈给他取名叫恩奇，意思是恩典多奇异。

所以当我下班回家，你狂奔向我、叫着妈妈妈妈、渴求拥抱的时候，我就会发现生命中早已习以为常的并非理所当然，而是恩典多奇异。

毕竟，我来到这个世界的时候和你一样，本也一无所有，如今所领受的全是恩典，多奇异。

我还记得你第一次表现出忧虑的时候。

你3岁登台表演一个小音乐剧，饰演一只小鸡。

你为了演好这只小鸡，努力地在家背台词，同时你也很担心，担心自己演不好那只小鸡，求我为你祈祷。

我笑了，不就是一只小鸡嘛，有什么可以忧虑的？

可是转念一想，上帝看着我们在这个世界上挣扎和追求，是不是也像看自己的孩子在舞台上演一只微不足道的小鸡？

你的世界虽小，但那是你的整个世界；我的世界虽大，可在宇宙中也不及一粒微尘。

就像你6岁的时候，姑姑送了你一个太阳系，淘宝买的，只要16.8元。

我和你一起画这个星系，跟你解释说这是太阳，这是木星，这是水星，这颗小小的就是地球。你拿起手中的地球说："地球可真小啊。"

我说，是啊，在宇宙中，上帝看地球，就像看一粒微尘。

人类所有的爱、所有的恨、所有的追求，都承载在这一粒微尘之上，漂浮在茫茫的宇宙之间。

难怪诗人感慨："我举头看你手所造的天，并你所陈列的日月星宿，便说人算什么，你竟顾念他，世人算什么，你竟眷顾他。"

所以看着眼前的你，我只觉惊奇，就是这粒微尘当中更加微不足道的人类，不仅得以存活，而且可以思想。

甚至是你这个小小的不到6岁的小人儿，也睿智到足以观看并思索整个宇宙的奥秘。

是啊，自从有了你，好多时候我都觉得小孩子就像是从天国降生的天使，比大人更懂得宇宙的奥秘。

我们搬回武汉的时候，我问你的意见，你说你有点舍不得北京的小朋友们，但是当你知道回到武汉可以让爸爸妈妈离自己的爸爸妈妈更近时，你也跟着我们开心起来。

后来，妈妈带你先回来，而爸爸还没有回来。当我想念北京的时候，你甚至会来安慰我，擦干我的眼泪，说："我还和你在一起啊，我们在武汉也可以生活得很好，有新的朋友、新的幼儿园、新的快乐。"

4年你上了4个幼儿园，最后在一所简陋的幼儿园里拿到了自己的毕业证书，可是你仍然兴高采烈地捧着它回家，无比珍视，爷爷给你好多钱问你卖不卖，你都拒绝了。直到爸爸把你幼儿园的小毕业证和他的大学毕业证放在一起，郑重其事地锁到箱子里，你才心满意足地安心睡去。

你长大后可能会发现，世界上怎么会有人看重一个武汉某小区里不起眼的幼儿园的毕业证呢？可是此时的你却单纯地视若珍宝。

难怪耶稣说："你们若不像小孩子，断不能进天国。"意思是只有小孩子的心配得上天堂的荣美。

难怪孟子说："大人者，不失其赤子之心。"意思是伟大的人都有一颗孩子般的心。

妈妈自从有了你之后，才知道什么是赤子之心。

毕竟在你之前，从来没有一个人像你这样完全依赖我，完全爱我，完全地与我联结。

自从你学会说话，我就很喜欢和你聊天，谈论最多的主题就是你长大了想做什么。

你曾经说你长大了想当宇航员，这样你就能带妈妈去月球旅行；你说你想和爸爸一样做个老师，传道授业无比伟大；你说要像外公一样当个医生，救死扶伤给人治病；你还说要当个玩具店的老板，天天都能玩玩具……

我也常常会想象你真正长大了的样子，有些期待又有些焦虑。

上次和爸爸一起参加朋友的婚礼，你是婚礼上的小花童。婚礼进行曲响起的时候，我看到你爸爸在我旁边抹眼泪，他说："想到未来有一天，我也要这样牵着她的手，把她交到另一个人的手里，就好舍不得。"

是啊，我们怎么舍得你长大呢？我们怎么舍得小小的你一个人去面对世事的无常，去面对难测的人心呢？

所以好庆幸，你现在还只是一个幼儿园的毕业生，让我们还能再多送你几程，陪你一起经历人生中一个又一个的毕业典礼。

但是我想，我的孩子，不管你将来是攀上高峰还是跌到低谷，身处异乡还是留在家乡，收获显赫的毕业证书或是一无所有，都不要忘记随时回到爸爸妈妈的身边。

因为无论你长到多大，在我们眼里，你都是最初的那个小孩子——赤手空拳来到茫茫宇宙间，不因着物质的丰盛，也不因着熙熙攘攘的声名，更不是因着精子和卵子的偶然结合，而仅仅是为了领受和寻找爱。

是的，我之所以相信，就是因为我相信在这茫茫宇宙间，我们不是偶然出生的，而仅仅是因为爱。

所以，喧嚷人世，我们一直都预备着那份爱，等候赤条条归来的你。

房子不是最重要的，爱才是[1]

如前面所有的故事里所述，我和我的丈夫都是从湖北“五线”小县城考到著名大学的，他在北大物理系，我在清华系建筑。

我毕业后供职于北京万科这样顶尖的开发公司，负责高端住宅；他供职于北京四中这样顶尖的高中分校区，是物理学科的带头人。我们本科毕业后留京9年，其间搬了6次家，最后一次是第7次，正打包准备搬回武汉。近来总是能看到朋友圈里好多清华毕业生买不起房子而逃回二线城市的文章，文章里充斥着疑问、遗憾和不满，让我特别想述说一下我同丈夫这些年的故事，同样是关于房子但却是画风截然不同的故事。

我们俩虽然9年搬家6次，但每次搬家都是欢欢喜喜的。

2008年毕业后，我从清华紫荆公寓搬到顺义区的新员工

[1] 本文为小万工公号第一篇，创阅读100W+。因出版之故，全文内容和时间稍作调整。——编者

宿舍。公司在朝阳区，离宿舍很远，一个半小时的车程。但刚毕业那会儿薪俸微薄，租不起公司附近的房子，即便到现在我也很感恩公司提供的宿舍。每月400元不到的房租，朝北的小单间。我那时几乎所有的时间都花在工作上，而且从学校的4人间搬到小单间，反而觉得自己可以支配的面积明显增大。

其间印象最深的是父母带着奶奶与外婆一起来北京玩过一次，当时是夏天，父亲执意不肯住宾馆，我们一家人就只好在我的小单间里打地铺，奶奶和外婆睡在床上，我和父母睡在地上。当时父母看到我的状况其实有些心疼，毕竟是独生女，在家乡里虽然家境一般，但好歹也是住着大房子的，读了那么多的书，来了北京反而生活质量这么低。我安慰他们说："我很喜欢我在北京的工作啊，同事优秀，领导也很好，而且平时就我一个人，也睡不了两张床，小单间正好。"就在顺义的这个小单间里，我完成了自己负责的第一个郊区小盘，那时候北京房价刚开始疯涨，400套房子一天内售罄。

第二次搬家是在一年后，我与当时还在北大读硕士的男友结婚，为了他读书方便，我们便搬到万柳小区——租了个一居室。房东是一对老北京夫妇，听说我们是租来当婚房的，特地粉刷了墙面，绿色的门窗、水磨石的地板擦得明亮。贴上喜字后，我们在亲友的见证下办了一个简朴却温馨的教堂婚礼，特幸福的裸婚。真的是裸婚，我记得自己用那个季度的奖金交完租金和婚礼的费用后，手头就只剩2000元钱。

回忆起来真的特别幸福，我俩12岁相识，中学6年同班，大学6年恋爱，最后终于能走到一起，真有那种有情饮水饱的感觉。万柳离我们各自的大学都很近，新婚燕尔的我们，懒得开火就骑车去学校吃饭，周末在北大未名湖旁边散步，去清华“紫操”踢球，虽然住得简单，但回忆起来却都是甜蜜。

那时我每天上班都路过万泉新新家园，也曾经酸酸地想过自己有一天是不是也能住上这么好的小区。记得那时万泉小区房子的单价是2万元，这样的价格于当时的我们而言已经是天文数字。所以对于房子也只是想想，有衣有食有相爱的人同住，就很知足。住在万柳的那一年，北京的土地市场还很活跃，负责一个郊区大盘之余，我还做了30多个拿地项目，没日没夜地加班，终于通过投标拿到了自己经手的第一块土地。

第三次搬家是在婚后的第二年，我怀孕了，他也快要毕业，考虑到万柳离我上班的地方太远，而且有了孩子不够住，我们就租了一个朝阳区公司附近的两居室。

其间，我发现单位的集体户口无法给孩子落户，才把买房提上日程。2010年，房价已然呈现出“爆裂式”飞涨的趋势，因此我们快速地在公司当时所有的楼盘中挑了一个唯一能买得起的五环外的小两居室（特别巧的是，这就是我之前投标获取的那个项目）。首付30万，双方父母各支持了一部分，交完首付和各种手续费后，手里的积蓄几乎已经见底，我当时甚至都有点担心下个月工资发了够不够产检、生娃的费用。

我们在租的团结湖小两居室里迎来了第一个宝宝。双方父母都未退休，我大姨来帮我看孩子，其间她女儿大学毕业，我建议表妹来北京找工作，也住在我们家。不巧我的好朋友被房东赶了出来，一时找不到房子，我又让她先住我们家。所以，在这个团结湖50平方米的小两居室里，最多的时候住过6个人，闹哄哄的，很是拥挤。以至于我母亲都说我这时候要孩子不是好时机，应该等房子妥当之后再要。

但每天下班后看到宝宝，我就会觉得特别幸福，只要是因爱而生的孩子，其实不在乎在什么房子里，也无所谓什么好时机。就在这个团结湖的两居室里，我完成了第一个20万平方米的大型商业综合项目，由于公司一直没有找到合适的人接手，直到孩子生产前一天我都在工作。

孩子一岁多断奶，我们终于搬到了属于自己的五环外的小房子里，从租住的“老、破、小”搬到自家的“远、小、新”，看着整洁干净的卫生间和厨房，幸福感瞬间爆棚，孩子和老人也都很开心。此时丈夫已经研究生毕业。物理系毕业的时候有好多选择，可以去搜索公司、大国企，甚至当高中老师——诸多offer里，高中老师是收入最低的。他问我的期待，我说：“看你最想做什么吧。”他说他还是想当老师，也许干别的能赚得多一些，但他自己始终觉得做教育是最有意义的工作。我说：“那好啊，反正我工作忙，这样你以后可以多看孩子。”于是，他就真的成了一名高中物理老师。

我们搬到北京南边的时候，他本来联系好要调到家门口附近的中学，但那是他带的第一届学生，还没有高考，所以他就想着把他们送走再调过来，于是就有了西南五环到东北五环的痛苦通勤。没办法，他只好住在学校，周末再回家。

我那会儿正负责北京第一个地铁上盖项目，在地铁车辆段上建商业综合体、普通住宅和公租房，各种规范限制，做得特别艰难，也常常不着家。这样过了小半年，虽然住得很好，但我们都觉得挺难以忍受的，我和孩子一周只能见到他一两次——如果家人不能住在一起，房子再好有什么意义？

为了让他安心带完那届毕业班，我们第五次搬家。寄居到东五环他们学校提供的宿舍里，里面所有的家具是一张床、一个衣柜、一把椅子。女儿很有意见，她很喜欢自己的那个房子。但我跟她说，住这里虽然小，但你可以天天见到爸爸了啊。房子不重要，一家人在一起才是最重要的！于是在这个小小的不足30平方米的房子里，我们一家人生活了10个月，每天爸爸都有时间陪孩子，尽管家里的东西少到孩子都能数清楚，但这又如何——人生活所必需的东西其实是很少的，所需的空间更不大。在这个小房子里，我完成了自己做设计师以来唯一一个不挣钱的项目——一所大型养老公寓；更重要的是，在这个小房子里，我们又有了第二个孩子。

在二宝出生之前，毕业后的第6年第6次搬家，我们终于真正搬回了南五环外的小家，丈夫也开始在家门口的学校上班。我自己设计的房子住起来确实很舒服，地铁房、大商场、大公园，从幼儿园到中学全程教育。说实话，看着之前在模型、PPT里看到的方案变成真正的建筑、鲜活的社区，自己和自己的家人生活在其间，是特别奇妙又有成就感的，这感觉也许只有做建筑的人才能体会。有时想到在这个最低装修标准的两居室里的我，却负责着北京市场上最高端的精装别墅项目，常常自嘲“遍身罗绮者，不是养蚕人”。

大姨继续来帮忙带老二，丈夫则负责接送在旁边上幼儿园的老大。岁月静好，现世安稳，我们的生活也渐渐宽裕。想着父母快退休，孩子大了也需要独立房间，去年我们把手头的小房子卖掉作为首付，贷款买了一套四居室。本来筹划着第七次搬家和父母一起住上大房子，我们却特别意外地决定回武汉发展。

跟朋友道别的时候他们都特别不理解，有房、有车、有户口、有事业，按说我们是最不可能“逃离”的那一类人。但其实丈夫一直想回去，回武汉也能去国内顶尖的中学，而且离父母近，孩子也能得到更好的照料。恰好我们公司有一个内部调动去武汉的机会，我参与竞聘之后才发现武汉的变化也是日新月异，在一线城市限制人口的格局下，二线城市开始强势崛起，“大江、大湖、大武汉”也有着不逊于北京的事业空间。但确实很纠结，毕竟在北京待了14年，我们早已将这里当成了自己的第二故乡。

与丈夫商量了许久，就家庭而言，去武汉父母和孩子都能得到更好的照顾，可以提升整体幸福感，武汉的基础教育质量也不错；就个人的职业发展而言，我们俩无论是在北京还是在武汉都有很好的发展。最后促使我们下定决心走的是：我们俩觉得相比留在北京，去武汉尽管有很多的不确定性，但肯定会有更大的行业影响力。

唯一不好的是武汉也限购，回去之后估计还是得继续租房子、不断搬家。但是我现在真觉得这已经不是最重要的了。记得之前丈夫加班的时候，我为了催他回家，就给他发微信：“费曼（1965年诺贝尔物理奖得主）说：‘我要感谢我的妻子……在我心中，物理不是最重要的，爱才是！’”后来我去了地产公司，一天到晚折腾各种房子，他就调侃我：“老婆，在我心中，房子不是最重要的，爱才是！”

说来惭愧，很多人觉得房价上涨，地产行业的从业者至少应该是受益者。其实不是，家庭没有积蓄对谁来说都很难，从2008年到2017年，我们也错过了无数次上车的好机会，而且在地产公司，看着自己做的好多楼盘明明知道买了就会涨，但是那种没钱的感觉好纠结啊！但这又如何呢，我真的想明白了——房子不是最重要的，爱才是！

其实在北京的14年里，回忆起来确实没住过什么所谓的好房子，可能住过的唯一属于所谓上层阶级的房子就是清华和北大的宿舍了。但是，在我工作的9年间，我亲手设计建设了数以万套的公租房、商品房、高端别墅、老年公寓、商业综合体、幼儿园，影响和改善了千千万万北京人的生活。虽然这些项目不一定都那么完美，但我真的是怀着敬畏之心，竭尽所能地认真对待着我生活的城市，以及在这城市中生活的倾尽所有购买房屋的人们。

看最近的好多讨论，好像大家对Top2的人物设定就是：Top2毕业就打上了上层阶级的烙印，理所当然应该留在一线住上大房子，孩子上好学校，不然就是社会出了问题。可我觉得不是这样的，“天行健，君子以自强不息；地势坤，君子以厚德载物。”——我们所受的教育，从来没有承诺我们会过上Top级的生活，更多的是让我们无论在什么样的环境中，都不失德，都不丧志。

就像先贤孟子所说的：“富贵不能淫，贫贱不能移，威武不能屈”；就像我喜欢的圣徒保罗说的：“我知道怎样处卑贱，也知道怎样处丰富，或饱足，或饥饿，或有余，或缺乏，随事随在，我都得了秘诀。我靠着那加给我力量的，凡事都能做”。

我和丈夫都特别喜欢北京大学前身燕京大学的校训“因真理，得自由，以服侍”。我们深信我们所受的教育，绝不仅仅是为了留在北京获取户口，或是为了自身更好的物质享受，更不仅仅是为了后代能保住所谓的Top2阶层，而是因着立定的心志。既然通过教育晓得真理并得以自由，便不应追随世俗潮流，而是努力去服务和影响更多的人，让更多的人过上更美好的生活。

至于我们的孩子，若是始终能在父母的爱中长大，那他或在北京，或在武汉，或进渣小，或上牛中，或居豪宅，或居陋巷又怎样？他始终处在一个比所谓有房阶层更高的、永远不用担心滑落的被爱阶层！

学区不是最重要的，爱才是

我们的大女儿今年6岁，她2岁半开始上幼儿园，4年间我们搬过两次家，所以她随着我们上过3个不同的幼儿园——一个知名连锁品牌的私立园、一个声望颇佳的公立园和一个家庭型的蒙氏园，基本涵盖了幼儿园的所有典型类别。其中被称为学区里第二个高门槛、周边均价最贵的公立园，却是女儿最不喜欢的幼儿园。她只上了一个学期就落荒而逃。

4年间我们换了3个幼儿园，看到不同体制之下不同的教育方式，以及这些教育方式对孩子的影响——有经验、有教训，对我们来说，这就是由父母教育过渡到学校教育的启蒙教程。

第一个幼儿园在我们所居住的住宅新区里，开发商引进的知名幼教连锁品牌，硬件好，离家近。其实提前一年上幼儿园，我心里是觉得亏欠的。但没人看孩子，我们也没有其他选择，就直接将女儿送去了。因为是新小区，入住的人较少，第一届只有一个托班，17个孩子。

在送她上幼儿园之前，我担心她年纪小不适应，提前给她讲了许多关于宝宝上幼儿园的绘本故事。幼儿园也在正式开学之前组织家长带孩子的游园活动，让孩子提前熟悉园所环境。

记得那一天，我故作轻松地送她上学，她也大方地同我再见。望着她背着书包的窄小背影，我心里隐隐失落，几乎要流下泪来，毕竟这是她第一次离开家去属于她自己的崭新世界。白天我虽然在上班，心情却始终在忐忑，到放学便忍不住给她爸爸打电话。结果出乎意料，他说去接女儿的时候，她抱着老师的大腿不愿意走，还要在幼儿园继续玩。于是我就彻底放下心来，心想她虽然小，但却真的是到了需要离开父母去接触同龄伙伴的年龄。

从女儿会说话起，只要是不加班的时候，睡前我都会同她安静地聊天。她上了幼儿园后，我们的话题变成了：今天在做什么，有什么好玩的事？认识了什么新朋友，最喜欢哪个老师？女儿很爱说，她说她午睡的时候睡不着，老师就带她坐在小床边，后来不知道怎么就奇怪地睡着了；她说老师也喜欢像我这样与她聊天；她说她认识了新朋友，说到新朋友的时候眼睛闪亮，是那种和大人在一起玩的时候不一样的明亮……

我听她说着幼儿园里的事，心里充满了温暖，好像觉得这个小人儿真的是长大了，开始迈出自己的小步子，好奇地去拥抱一个陌生的、对我来说却无比奇异的未来世界！

我心大，不是那种常和老师联络的妈妈。但我经常看到女儿的老师在朋友圈里提起她，说女儿小嘴儿很甜，经常鼓励老师多笑笑，说老师笑起来眼睛最好看。也会在老师正准备生气的时候小心地提醒：爱是恒久忍耐。——我看到后觉得很惊奇，这是我丈夫在女儿很小的时候就教给她的一句话，他让孩子在每次自己要生气的时候说这句话提醒爸爸。女儿很快就记住了，但我没想到她也会这样对老师说，我幼时可不敢这样。

老师年龄很小，也就二十出头吧，脸上还在冒痘痘，教学经验也不算丰富，但她看孩子时的温柔眼神，让我很安心。

我也翻看了他们的课本，就是通用教材，教春夏秋冬和生活自理。女儿在这个幼儿园真的有很大的变化，她开始勇敢地和同龄人交往，有了更好、更规律的生活习惯，语言词汇量也日渐丰富起来。更重要的是，我能感觉到她是真心想做一个好孩子，一个可爱的、让人喜悦的孩子。

后来因为孩子爸爸工作原因要搬家的时候，心里觉得特别对不起她。我还特地去找园长询问过给孩子换幼儿园会不会有不好的影响，园长并没有因为孩子要转走而吓唬我，反而安慰我说："没关系的，这个阶段的孩子适应性都很强，你不要太焦虑。孩子的情绪其实是父母情绪的镜子，你为这件事焦虑，她也会焦虑，你越淡定她越淡定。但你们家孩子心思细腻，建议给她找一个老师有爱心的幼儿园。”

告别的时候，女儿的老师特地跟我要了一张她的照片，说不知道我们能不能搬回来，留个纪念。她还跟我说她私下问女儿：“去了新幼儿园会不会想念这里的老师？”结果女儿说：“不会的，我去了新的地方就会有新朋友，就会忘记你们的。”童言无忌，老师自嘲地笑笑：“又受到了一万点的伤害。”

去第二个幼儿园的过程颇为周折，原本我们想就在丈夫学校周边找同样的连锁幼儿园。但丈夫学校的校长体谅他携家带口住到学校的难处，帮忙找了附近一个声望很好的公立园，费用比私立便宜一半，据说口碑极好，很难进，我们很感激。

这个幼儿园的规模和设施远胜上一个私立园，墙上贴满了各种精致的幼儿手工作品。相比第一次送孩子入园，这次我很放松，毕竟她已经有过一年上幼儿园的经历了，上小班应该各方面都会适应。

晚上回来的时候孩子心情还不错，她说他们每个孩子都选了一个小贴纸代表自己，贴在自己的柜子和杯子上，她想选小兔子，但挑得慢，拿到的却是个小蜗牛。我听得笑出了声，她平时做事确实有点儿慢腾腾的，就像小蜗牛一样。

第三天开始就有点儿不太对劲。晚上我们照例聊天的时候，她开始回避幼儿园的话题，并且跟我说她明天不想去了；我问怎么了，她怎么也不肯说。第二天送她上幼儿园的时候，在路上我就能感觉到她非常惧怕，这在之前是完全没有过的。我于是特地问了下班主任，说孩子这几天不想入园，不知道是什么原因。

中午我接到了老师的电话，她说昨天午饭的时候，因为女儿吃饭慢，生活老师有点儿着急，就端起碗喂她。喂饭的过程有些粗暴，女儿流着泪吃完，可能是吓着了。她在电话里诚挚地向我道歉，让我好好安抚孩子。

我听了之后非常心疼女儿，我们从没有粗暴地对待过她，也期望她能被世界温柔以待。

晚上接她回来，我小心地提起了昨天中午的事，她开始还是不说话，听我说道："老师是不是喂你饭了？"她就大哭起来，边哭还边说她不想吃饭，可是老师说不听话，晚上爸爸就不来接她了，她好害怕爸爸不来接她了。我抱住她说："没事的，宝贝，你只是吃饭有点儿慢。爸爸一定会来接你的，每天都会。"

我还是继续鼓励她上幼儿园，安慰她说："老师不是故意的，她只是出于好心，看你吃得慢想帮你，但是方法不太对而已。妈妈带你一个孩子有时候都没有耐心，老师每天得看那么多孩子肯定会很累，有时候没耐心也正常，我们要体谅她。"

她说：“那妈妈跟老师说一下，说我吃不了很多饭，请老师不要喂我。”于是从那以后，我每天早上送她去幼儿园的时候，她都会叮嘱我要跟老师说不要喂她吃饭的事。

渐渐地我就感觉出了这个公立园的不一样。它有很多的规矩，比如吃饭慢的小朋友会被分到草莓组，不能参加中午的户外活动。还有着更严格的训练，她们的教学特色是戏剧，孩子们每学期的学习都会围绕戏剧这个主题展开，学习戏剧里面的音乐和表演，每学期末会有正式的汇报演出，日常都为了这个演出进行排练，幼儿园也因此得了各种教育奖项。孩子们也似乎更加优秀，每次学校要求交手工或者绘画作业的时候，门口展示的都是非常精致的、明显是家长“帮助”完成的作品，和原来幼儿园教室里挂着的幼稚的、质朴的儿童画完全不同。

在这个幼儿园待了小半年，孩子确实学到了很多技能——表演、演唱、讲故事，还是一个课堂表现很好很乖巧的孩子——但不是那种讨人喜悦的乖巧，而是那种惧怕的谨慎。

因为怕麻烦，我很想努力说服自己让孩子继续在这个幼儿园坚持下去，安慰自己说世界并不完美，孩子也要受一些挫折教育以适应不同的境遇，也努力鼓励女儿去接纳和适应环境。

但我明显感觉到女儿越来越拘谨，不再有原来的那种单纯、那种与老师无话不谈的烂漫，说到老师的时候更多的是惧怕，惧怕排练得不好被批评，惧怕吃饭太慢被喂饭，甚至惧怕午睡的时候睡不着，惧怕上课时举手要求上厕所……

于是在汇报演出完成后，丈夫立刻就办了退园手续。帮女儿把被子抱回家的时候，我对她说：“我们从这个幼儿园毕业了，再也不用去了。”女儿脸上那种如释重负的喜悦，我至今都记得。

寄居学校宿舍的下半年，我们通过网络辗转找到一个附近小区里的蒙氏托管园——位于封闭小区的首层，一套不是很大的复式楼房，一个北师大的姐姐为自己儿子开的小幼儿园。加上他的儿子，这个幼儿园一共有15个3岁左右的孩子和3个老师，满屋子都是各种蒙氏玩具，我一眼便看到了墙上贴着的“爱是恒久忍耐”。

和姐姐详细聊了孩子的情况，我告诉她女儿有些胆小，不太爱吃饭，而且在之前的幼儿园其实有点儿受伤。她都微笑着答应，说没关系，都会好起来的。

确实会好起来。蒙氏教育温柔而坚定，孩子有很多自己的时间和自由。我有时到的早，会观察他们带孩子的方式。老师在组织学习的时候，有些调皮的孩子会在旁边玩，老师也不生气，只是告诫他们不要影响到其他孩子，慢慢地围过来的孩子越来越多，接着所有孩子都开始遵守规矩。

两个孩子起冲突的时候，老师会拥抱孩子并把他们分开，分别安慰，直至他们情绪稳定下来重归于好。在这个小的、没有操场、只能在小区草地上活动的小小幼儿园里，我欣喜地看到女儿又开始喜欢上幼儿园，开始有新的朋友，开始喜欢吃饭，开始褪去自己的拘谨和惧怕，变得勇敢而有力量。

我想老师们一定付出了很多的耐心和爱心，“因为爱里没有惧怕，爱既完全，就将惧怕除去”。

后来丈夫终于调回去，我们又搬回原来的小区，在园长的帮助下，女儿重新回到原来的班级，直到毕业。

有时我会问女儿她最喜欢哪个幼儿园，她还是会说最喜欢现在这个幼儿园，因为老师很温柔，也有很多好朋友。我问她那个蒙氏幼儿园呢？她说也喜欢，但小朋友有点儿少。但问她那个公立园，她就会很坚定地说不喜欢。

如今孩子已经6岁了，马上要上小学。在之前换房的时候，因为看了学区相关的文章，我也很焦虑，和丈夫商量着要不要给孩子换到西城、海淀，换到好的学区。毕竟按照目前的高考格局，在我们现有的学区中，即便女儿考到第一名，也没有上Top2的可能。

丈夫跟我说，大女儿上幼儿园的过程让他更深刻地看到了教育的本质，在世人看来，也许第二个园所是最棒的学区；从成果来看，他们教出来的孩子似乎掌握了更多的技能，也更加优秀，但是孩子的行为并不是最重要的，孩子行为背后的原动力才是。

在教育心理的体系里，有一个经典的金字塔模型能用来解释孩子行为背后的原因。

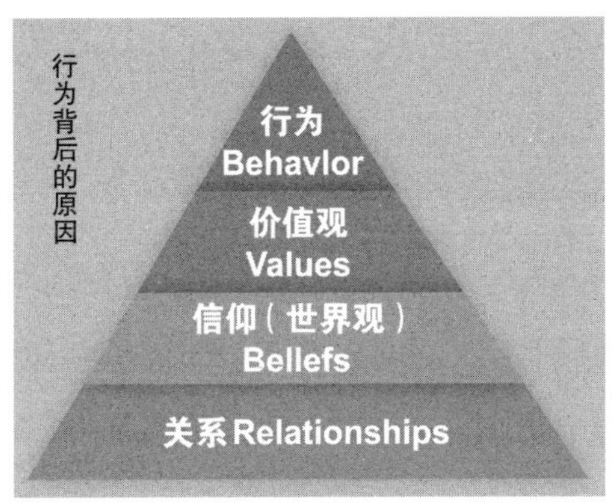

基座是“关系”，所谓关系就是孩子和世界的互动方式，最好的关系也就是爱；在与周边建立爱的联结之后，孩子才能建立自己正确的信仰——即对于世界的认识；在有了正确的信仰之后，孩子确认了自己被爱的身份，就能正确地看待自己的价值观；最后由自己的价值观出发，才自然而然地有了正确的行为。

所以，对于孩子的教育，其实高考并不是最终目的，最重要的是培养出一个能收获爱并且付出爱的健全幸福的人。好学校不是最重要的，最重要的是这个学校的教育是以爱为出发点的，考虑孩子的长远发展。那种以功利为出发点、关注纠正孩子短期行为、提高孩子专业技能的教育，也许短期内会更有效率，但前者才是真正的教育！

也不是说公立学校就不好，私立或者蒙氏就好。我丈夫目前所在的公立中学，虽然只是一个重点校的普通分校，但确实是一个以孩子长远发展为出发点，不填鸭、不堆时间的中学。事实是，无论在哪种教育体制之下，教师和学校都可以做出自己的选择。

这也不是说学校的硬件和师资不重要，这些当然都很重要，我自己从事建筑行业，知道一个好的学校建筑能从某种程度上影响和塑造孩子的行为。我回顾自己接受教育的过程，也是一路掐尖走过来，因为处在更优秀的群体中，最后才考上了顶尖的大学。但是最重要的绝对不是这些，教育的起点，是爱！

当我们决定回武汉时，虽然还没有找好孩子的学校，但是我们已经有了共同的认识，就是不去追求大家眼睛看到的所谓升学最好的学校，而是好好考察，给孩子找一个在“爱里没有惧怕”的小学。

在前一篇《房子不是最重要的，爱才是》主题文章的结尾，我说我们的孩子以后在永不滑落的被爱的阶层。后来，“被爱阶层”这个词就被用来调笑，还有朋友打趣说目前中国阶层已经开始快速分化，变成有房有爱阶层、无房有爱阶层、有房无爱阶层、无房无爱阶层。

我当然希望我的孩子们未来有房有爱，也希望未来我们国家的每一个孩子有爱以安心，有房以栖身。但确实相对于房子，爱是更难获得的。在当下的中国，其实大多数人都能拥有自己的房子，只是大小城市的区别。但是，在城市化的浪潮中，却只有少数人才能拥有爱，太多的父母为了房子为了生计在外打拼。在我的家乡，大多数孩子都住着宽敞的房子，但真的只有少数孩子才能拥有从小在父母身边长大在爱中受教育的机会。

愿你我的孩子所必需的爱不再是这个“谈房色变”时代的奢侈品；愿你我的孩子都没有为了买房或因为买不到房而离婚的父母；愿你我的孩子都有在自己父母身边、在爱中受教育的机会。

课外班不是最重要的，爱才是

要问离开北京在教育方面最舍不得什么，我想说的是，不是北京的顶级学区，而是全国一流的课外教育资源。由于人才和文化的高度聚集，这里的孩子能享受到令人叹为观止的课外教育——去清华的天文台观星，到北大的实验室做实验，在北舞学芭蕾、央美学画画、北影学表演，还有数不清的博物馆、美术馆、科技馆、天文馆、大剧院……

从“五线”小城市到清华、北大念书，我和丈夫恋爱时就一直混迹在北京小孩闲逛的各种场馆里，边眼花缭乱地接受着新鲜的事物，边感慨大城市里的孩子们丰富多彩的童年。

可是真的是丰富多彩的童年吗？还是充斥着课外班的童年？

奥数、英语、钢琴、美术、语文，丈夫当老师后，发现几乎身边所有学龄小孩的周末都被各种名目的课外班所占据，当我们有了自己的孩子之后就会想，这真的是我们的孩子想要的童年吗？

我不禁回忆起我的童年。其实“五线”小城市里的孩子，他们假期的大部分时间都在下河摸鱼、上树掏鸟蛋，但我从小就是一个课外班的狂热爱好者。

幼时我精力旺盛，参加过各种课外班，包括武术、电子琴、无线电、舞蹈、奥数、计算机……回忆起来，自己上的这些班都很不专业，常常上完一期后我还想学，但老师已经没有能力再教下去。

那时我家并不宽裕，都是我求着爸妈给报的班，所以我很感激父母可以无限包容我各种旺盛而短暂的好奇心。

我学琴的时候，第一次上课时背了一个音乐盒大小的电子琴，被同学取笑了一通，哭着回家。第二天，母亲就带着我去县城最大的百货商店买了一台最贵的电子琴，500块，那是我们家两个月的全部收入。

所以，即使幼时家境一般，因为父母的宠爱，我始终觉得自己生活在一个特别富有的家庭，因为我无论心血来潮想学什么，他们都想尽办法让我学。

但遗憾的是，我的超豪华电子琴弹到“划呀划”就戛然而止了，因为作为尖子生，我六年级的时候就被学校统一拉去学奥数了。

我至今都记得当时自己坐在奥数教室里，看着黑板上鸡兔同笼问题的时候那种百无聊赖的心情，心里老想着音乐教室那边隐隐约约传来的琴声。

所以，即便是最后仍然得了奥数奖项，但我自此都不太喜欢自己原本擅长的数学，高考只考了115分——我的数学老师至今都念叨说，我是他教过的学生里唯一一个数学不到120分还能考上清华的学生。

所以，每想起数学我总觉得有点难过。我想对孩子而言，最重要的并不是通过课外班掌握多少知识，而是不要因为功利的目的，磨灭她对于这份知识的热爱和好奇！

因为热爱会被磨灭，但好奇心即便暂时被冷却，遇到温暖的环境后还是会生长。

毕业工作后，我又想起了自己心心念念的音乐梦想，于是买了一台电钢琴开始学，一年后，就足以自娱自乐地弹唱了。虽然资质平平，但好庆幸自己没有丧失对音乐的热爱。同时，我又多少有些遗憾自己小时候没有坚持下来。所以，有了女儿后，就很盼望自己的女儿可以从小学钢琴，让我也能蹭着学。

女儿刚满4岁的时候，我便迫不及待地带她去试听了一节钢琴课，期待她能完成我未能完成的音乐梦想。

孩子在课堂上表现得还不错，上完课我满怀期待地问她："苏，你想学钢琴吗？"

苏有些不好意思地说："妈妈，我觉得这个，现在对我这种小家伙来说有点儿难，我不想学。"

我大失所望。

我想着她要是能学，我就可以名正言顺地把家里的电钢琴换成真钢琴；她学的时候，我也能和她一起接受专业而严谨的钢琴训练；她要是能学，我就能和她一起考级一起四手联弹……可是随着她的拒绝，这些想象中的美好都变成了泡影！

丈夫看出了我的失落，说你不能把自己的梦想当成孩子的梦想，你想换钢琴我们家为了你学琴也可以换啊！

是啊，我不能把自己的梦想当成孩子的梦想，不能为了实现自己的渴望而为孩子编造一个对于音乐的好奇心。

我再也没有提起让女儿学钢琴的事，只是仍然坚持自娱自乐地弹琴。

我以为4岁是最好的学琴时间点，谁曾想孩子此时却有了自己的思想！

5岁的时候，苏突然找到我，说她很羡慕我可以在礼拜的时候弹琴，她也想学钢琴。我欣喜若狂，又故作镇定，问她："真的吗？弹琴虽好，但是学琴的过程很枯燥，我担心你不能坚持，妈妈也要每天付出很多时间和精力陪你上课和练琴。这对我们来说是一个很重要的决定，你再好好想想？"

小姑娘想了一会儿，然后很认真地跑过来对我说："妈妈我会坚持下来的，我真的很想学，求求你了，妈妈。"

看着她饥渴的眼神，我顿时觉得整个天空都晴朗起来了。

我在附近给她找了一个我能找到的最好的钢琴老师，不想辜负她这份难得的对于音乐的好奇。

苏真的坚持了下来，虽然有时遇到比较难的曲子她也会退缩，还跟我一本正经地感慨："妈妈，我真的很想成为一个钢琴家，可是我为什么就是不喜欢练琴呢？"

我笑说："你不是懒吗？"

后来每当女儿练琴出现惰性的时候，我都会给她讲我学琴的故事，陪她一起弹那首很难的曲子，告诉她，越是优美的曲子，越是需要艰苦的练习。

我感到很欣慰，虽然她不是学琴进度很快的孩子，但她却始终保持着对钢琴的热爱，每学会一个新曲子、一个新的技巧，她都会感到无限欣喜。

苏除了钢琴课外班，还上过美术、芭蕾和轮滑。

每次她想起要学什么的时候，我都会去给她找周边最好的老师启蒙，因为我觉得孩子对知识的好奇才是最珍贵的，最是应该得到好老师的启蒙。

她学美术的时候，老师是央美毕业、留英归来创业的硕士，她在这个课外班里不仅绘画技巧飞速增长，更重要的是他们每次画完都有一个自己讲述画作的环节，让孩子将画画作为表达想法的途径。

上完一学期后，苏不想继续再上，她说更想自己在家随意画自己想画的题材。我没有强求她继续学下去，而是欣然同意。

即便到现在她还是非常喜欢画画，每次画完都会给我讲她画里的故事。尽管她的画非常稚嫩，但我认为比掌握画画技巧更为珍贵的是孩子对于画画本身的热爱。

如今苏6岁，我也带她去试听过各种火爆的英语培训，她都没有兴趣。

我曾经希望她能快点识字，想在阅读的时候通过指读法教她认字，她嫌我读的太慢就放弃了。

我想孩子以后总会识字，也肯定能流利地说英语，但是在她没有对英语和汉字发生兴趣之前，我不愿无辜折枝，宁肯静待花开！

丈夫在中学教书，常常被各种补习班占满时间，他遇到过形形色色的学生，有对于学习完全没有热情的孩子，当然也有精力充沛、对于学习和所有课外活动都充满激情的学霸。

我想产生这种区别的最大原因，可能是开始的时机。

孩子天生就有着各种对于世界、对于知识的强烈好奇，但是大都不能在正确的时间、以正确的方式被打开。

北京真的是一个教育资源特别丰富的城市，以至于如今的家长常常焦虑自己的孩子输在起跑线上，殷勤地为孩子报各种课外班，为了升学积攒英语证书、奥数证书、钢琴证书、舞蹈证书。

家长很容易制订出那份标准的成功人生规划——3岁开始学英语，4岁开始学舞蹈和钢琴，小学的时候就开始学奥数。可要知道，人生并不是百米赛跑，而是马拉松。

我让孩子上课外班的目的，绝不是为了让自己的孩子比别的孩子更早地拿到这些证书越过终点线，而是为了让她始终保持对未知世界的充沛热情与好奇心。

所以我觉得，当孩子表示出对某项技能感兴趣的时候，就是开始学习的最佳时机，还有应该尽力去为他找周边最好的老师，保存他对这个世界的好奇心。

当然，孩子未对某项技能产生兴趣的时候，千万不要逼迫他，你应该静静地等待那个最好时机到来。就像我很喜欢的一句圣诗："不要惊扰爱情，等他自己发生"。

苏并不是同龄人中非常出色的孩子，她的舞蹈和钢琴都没有过一级，只会唱简单的英语歌，认识不到100个字，总是随心乱画……但是她对一切新鲜的事物都充满了热爱。

我愿意送她去上她自己想上的任何课外班，更希望她热爱她所认知的一切。万物各按其时成为美好，我们的女儿也在其间。

和苏的钢琴老师告别的时候，我非常不舍，感觉自己告别的是整个北京的优秀课外资源。但是我们也知道，学习技能、开阔视野，只是课外教育的一部分。孩子的课外学习还有更多的部分，比如了解社会的各个层面，认识现实中的人生百态，与亲朋建立好的关系，学习真理、认识爱，这些课外学习，对每个孩子都是非常重要的。

我们经常带苏去一个京郊的儿童之家，里面的孩子都是身体有缺陷的，有的看不见，有的不能行走，有的有自闭症或是癫痫；一对夫妇担任着他们的生活与学习老师，几十年如一日。但是我惊奇地发现这些孩子都充满喜乐，礼貌又热情。她们的妈妈笑着对我们说："他们都在静静生长，只是比别的孩子慢一些而已。"这些孩子都在北京，却没有上过任何的课外班，但是他们大都能全文背诵箴言，每天下午4点的时候，妈妈都会打开播放器让他们一起诵读：

> 要教养孩童，使他走当行的道，就是到老也不偏离。

后　记

本书结集付梓之时，2017年已近尾声。

我们家有一个习惯，每次到了年终就会数算恩典。

其实每年年末，都是工作最紧张、心情也最低落的时候。但是每逢数算恩典，全家就会一起欢呼喜乐。

而今年对我们家是特别的一年，恩典也格外显多。

年初我们从北京搬回了武汉，我先带着女儿们在汉阳的公公婆婆家住了一段时间，8月开学就搬到光谷——丈夫学校提供的教师宿舍。

宿舍在他们学校的对面，小两居，三层，周围有很多的树。

每次看到窗外的树，我就很容易想起我们住在北京团结湖的那段时光。那时我们刚刚有了第一个孩子，也住着小两居，窗外也有很多的树。

开始我们觉得小两居住着太挤，搬过来的时候就暂时把小女儿留在了公婆家，每个周末回去。

这样又过了两个月，我们都想念小女儿，就把大姨又请了过来，把小女儿带在身边。

这样，大姨住一间房，我们俩带两个女儿住一间。

每天早晨，2岁的小女儿通常都会先醒，哼哼唧唧地爬过来叫爸爸妈妈。然后丈夫就会醒来，搂紧我，过一会儿再去叫大女儿起床。

大女儿醒来后通常会责备爸爸为什么不更早叫她起床，这样她可以多玩一会儿再去学校。

武汉的冬天冷，教师宿舍又没有暖气，我就多赖一会儿床，看着丈夫一个大男人折腾两个小女儿，觉得这就是爱的模样。

很多朋友问我，成为网红之后生活有没有什么改变？

我觉得有，也没有。

没有改变的方面，是我们仍然像众多普通的城市家庭一样，夫妻双方都上着班，他还是一名高中老师，我还是一名地产建筑师。我们依然面临着很多的压力，大女儿的学业，小女儿的照料，新增的房贷，工作的瓶颈——这些压力都不会因为从一线城市来到二线城市减少半分。

而改变的方面，是我们的世界变得更大，更大的世界让我们更加知道自己的一切都是领受的，而那些我们以为是自己在承担的压力，本来也不单单是我们在承担。

有一天晚上，女儿们都睡着了，我对丈夫说，我觉得自己很幸运。

情窦初开时爱上的那个男孩就成了以后的丈夫；高考超长发挥考上了自己最心仪的学校和专业；本科毕业进入行业最好的公司，做自己喜欢的事情；开公众号第一篇文章就有千万级的阅读量；小说刚开篇就签约出版……

他说："那你为什么还常常忧虑？"

是啊，我已经拥有了很多，我忧虑，是因为我已经习惯了自己所有的一切，然后还想要更多。

就像我回到武汉，早餐又一次吃到热干面的时候，我觉得很开心，忍不住发到同学群里炫耀；但过了一个月，我就觉得这是很自然又很正常的事。

就像我把自己的小丰田刚换成宝马，我觉得好车开着就是舒服很多啊；但过了一个月，我就觉得这是很自然又很正常的事。

就像我现在离父母家车程只有两小时，周末第一次开车带着孩子回老家看父母，特别的开心；但过了半年，我就觉得这是很自然又很正常的事。

就像我成了网红之后，最初觉得有很多人看我的文章，很兴奋；但过了半年，我就觉得这是很自然又很正常的事。

我所在的地球离太阳没有更近也没有更远，我降生的家庭有我健康成长所需用的一切，“日头照好人也照歹人，降雨给义人也给不义的人”。

我活在诸多巨大的恩典当中，但很快就会习惯。习惯了就会忘却，然后开始为生活中那些小小的不如意而抱怨。

之所以要数算恩典，是因为我本性就是容易忘恩的人。

其实我觉得写作，更多的是帮助了我自己。

很多时候心绪是混乱的，但是变成文字就会慎重很多；而这些文字，常常在提醒我不要忘却，不要习惯于那些生命中看来寻常，但其实并不寻常的恩典。

虽然我一直都在写爱，但按照我的本性，我并不是一个会爱的人。

我从小就很以自我为中心，骄傲而冷漠。

我爱我的丈夫，可是需要为他做事的时候，我就开始犯懒。

我爱我的女儿，可是需要半夜起床喂奶，被她吵醒，或是陪她写作业的时候，我也心不甘情不愿。

我爱我的父母，可是他们给我添一点点儿麻烦，我就会觉得不耐烦。

我越看清楚内心的那个自己，就知道自己是多么不会去爱。

所以我很庆幸，我遇到了我的丈夫。

当我遇到他的时候，我才看到真正的爱是什么。

不是爱值得爱的人，而是爱本来不值得爱的人。

不是有界限地去爱，而是不计回报地去爱。

不是软弱地去爱，而是刚强地、充满能量地去爱。

不是依赖激情地去爱，而是守约地去爱。

遇见他彻底改变了我的生命。

从此我调转头来，不再以世俗意义上的成功为满足，因为我已经知道这些都没有办法使我的心满足，而是开始希望自己能活成更好的模样，就是爱的模样。

这并不能代表我的生活中就没有了烦恼，无欲无求，好像爱是解决一切问题的途径。

事实上当我开始写作之后，我发现即使是做自己喜欢并擅长的事情，也一点儿都不容易。

这也并不意味着童话故事中的王子和公主从此就过上了幸福的生活，就像小说中的结局。

事实上当我考上清华，和北大的他谈恋爱，最后我们成为夫妻，鸡毛蒜皮、妯娌翁婿的生活也一点儿都不容易。

因为我们都是成年人了，要面对所谓成年人的世界。

最近在给女儿读《小王子》，里面说：“大人热爱数字。如果你跟他们说你认识了新朋友，他们从来不会问你重要的事情。他们从来不会说：‘他的声音听起来怎么样？他最喜欢什么游戏？他收集蝴蝶吗？’他们会问：‘他多少岁？有多少个兄弟？他父亲赚多少钱？’只有这样他们才会觉得他们了解了他。如果你对大人说：‘我看到一座红砖房子，窗台上摆着几盆天竺葵，屋顶有许多鸽子……’那他们想象不出这座房子什么样子的，你必须说：‘我看到一座价值10万法郎的房子。’他们就会惊叫：‘哇！多漂亮的房子。’”

这篇目读起来很是扎心。事实上从我们的少年时期，数字就开始变得十分重要，那是我们的分数、我们的排名表。

等我们毕业开始找工作，985、211、Top2这些数字也开始很重要，薪酬则是一个具有决定性的数字。

等我们成婚后，开始独自面对生活，养活自己和家庭，房价、幼儿园的学费、钢琴、度假，这些都需要数字来支撑。

当我长大之后，我就知道并不是大人热爱数字，其实是别无选择。

从我毕业工作开始做PPT的时候，我就教育自己要成为一个理性的人，要用数字说话。

我的主业是地产建筑师，所以我设计房子的时候，也会用层高、面积、单价、总价、容积率、得房率这一系列的数字来描述。

因为只有这样，我们才能在这个信息已经泛滥的时代快速获取我们认为有用的、需要的信息。但是，我一边总结着这些数字，一边仍然在心里面想，未来住在这些房子里面的家庭是什么样子的，是和睦的，还是冷漠的？是一对夫妇带着一个闹腾的孩子，还是两个孤独的留守老人？是爱干净天天打扫的，还是不拘小节的？

我们交付的是标准化的房子，但人们必然会在里面编织不一样的生活。所以，决定这些生活样式的并不是那些数字，而是生活在这个空间当中的人与人之间的关系。

就像以网文的标准来看，我肯定是写了一份废话连篇的年终总结。

大家关心的信息可能就是关于数字的那几行：

我们从北京调到武汉，家庭年收入并没有降低，反而有小幅增长。

我们在丈夫的学校附近以父母的名义买了一套200万的四居室。

我在公号上更新了30万字，写了两本书，收到了2万多元的赞赏。

这些都很重要，但是对我们来说这确实又不是最重要的。

我和丈夫在这一年里分开了一百多天，我们反而因着这些分离更加明白彼此的不可替代。

我们与父母从一年相见一次变为一周或一个月就能见一次。自从18岁到北京，我从来没有觉得自己和家人这么近。

我用文字的方式和数以万计的人有了交往，我因为他们更加认识了自己，也更加认识了真理。

可是这也不能代表我就没有怀疑。

事实是每一次手机推送的关于人间的新闻都会让我陷入怀疑，怀疑宇宙的秩序，怀疑真理所说的慈爱。

同样是2017年，杭州林先生的妻子和孩子因为一个嗜赌的阿姨被烧死在自己的家里；大学生身陷传销离奇死亡；孕妇从医院的待产室跳楼；单亲妈妈含辛茹苦拉扯大的女儿在异国他乡被闺密的男友杀死；高中生杀死自己的班主任……

马克·吐温说："有时候真实比小说更加荒诞，因为小说是在一定逻辑下进行的，而现实往往毫无逻辑可言。"

在信息时代，毫无逻辑可言的人间悲剧就这样赤裸裸地暴露在我们的生活当中，让我们一遍一遍地拷问自己，是不是仍要相信。

如果我们遭遇的悲剧真的是随机的、荒诞的、毫无意义的，那么我们的世界也是随机的、荒诞的、毫无意义的吗？

可是这种拷问本身，却反而让我更为相信。

如果不是我们心中有一个更理想的世界，现实世界的悲剧何以如此刺痛人心？

如果人人都有一死，世界终会灭亡，那么荒诞的死亡和自然的死亡又有何区别？

如果冷漠能让我们活得更长，活得更精致和舒适，那么我们到底还要不要爱？

可是每当我怀着这种种怀疑翻开我读过无数遍的那些书卷的时候，里面并没有那么多如果，而是一个个简单又直接的命令：

“你们要彼此相爱。”

再见，2017。

愿我们在这个残酷世界的漫长余生中，仍能靠着恩典彼此相爱。